Ernst Probst

Die Schnurkeramiker in der Schweiz

Eine Kultur der Jungsteinzeit
vor etwa 2.800 bis 2.400 v. Chr.

Widmung

*Den Prähistorikern
Dr. Albert Hafner in Bern,
Dr. Jürg Rageth in Haldenstein,
Professor Dr. Elisabeth Schmid (1912–1994) in Basel und
Dr. René Wyss in Zürich gewidmet,
die mich bei meinen Büchern über die Steinzeit und Bronzezeit
unterstützt haben*

Impressum
Die Schnurkeramiker in der Schweiz
1. Auflage als Printbuch: Januar 2021
Autor: Ernst Probst,
Im See 11, 55246 Mainz-Kostheim
Telefon: 06134/21152
E-Mail: ernst.probst (at) gmx.de
Herstellung: Amazon Distribution GmbH, Leipzig
Alle Rechte vorbehalten
ISBN: 979-8-599-70950-3

Inhalt

Vorwort / Seite 5

Die Schnurkeramiker in der Schweiz / Seite 7

Anmerkungen / Seite 65

Literatur / Seite 69

Der Autor / Seite 75

Bücher von Ernst Probst / Seite 77

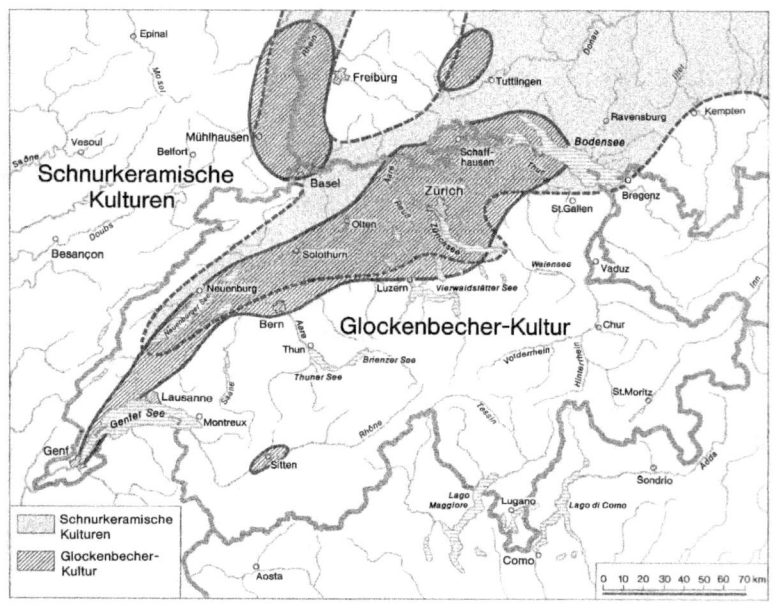

*Verbreitung der Schnurkeramischen Kulturen
und der Glockenbecher-Kultur in der Schweiz.
Karte von Adolf Böhm
für das Buch „Deutschland in der Steinzeit" (1991)
von Ernst Probst*

Vorwort

Um eine Kultur der Jungsteinzeit, die früher manches Rätsel aufgab, geht es in dem Taschenbuch „Die Schnurkeramiker in der Schweiz". Dabei handelt es sich um die Schnurkeramik, die zwischen etwa 2.800 und 2.400 v. Chr. weithin in Europa existierte. Ihr Name fußt darauf, dass ihre Tongefäße mit Schnurabdrücken verziert sind. Weil man von den Schnurkeramikern mehr Gräber als Siedlungen fand, hielt man sie für eingewanderte Steppennomaden. Wegen ihrer weit nach Osten reichenden Verbreitung wurden sie als erste bekannte Indogermanen fehlgedeutet. Seltsamerweise haben die Schnurkeramiker in der Schweiz ihre Toten verbrannt. Anderswo sind Verstorbene unverbrannt bestattet worden, wobei man Männer und Frauen unterschiedlich zur letzten Ruhe bettete. Ob die Schnurkeramiker Reiterkrieger waren, wie manchmal behauptet wird, ist angesichts weniger Pferdereste nicht sicher.

*Berliner Prähistoriker Alfred Götze (1865–1948).
Foto von 1938*

Die Schnurkeramiker in der Schweiz

Irgendwann in der späten Jungsteinzeit zwischen etwa 2.800 und 2.400 v. Chr. drangen Angehörige der Schnurkeramischen Kulturen aus Deutschland nach Süden in die Schweiz vor. Sie zogen im Schweizer Mittelland entlang der Aare bis in die Gegend von Genf in der Westschweiz, mieden jedoch den Jura und überschritten auch die Alpen nicht.
Der Begriff Schnurkeramische Kulturen geht auf den Berliner Prähistoriker Alfred Götze (1865–1948) zurück. Er sprach 1891 als erster von Schnurverzierter Keramik und Schnurkeramik. Dieser Name bezieht sich darauf, dass die Tongefäße jener Kulturen häufig durch die Abdrücke von Schnüren verziert sind. Götze führte auch die Begriffe Rössener Kultur (etwa 4.600 bis 4.300 v. Chr.), Havelländische Kultur (etwa 3.200 bis 2.800 v. Chr.) und Kugelamphoren-Kultur (etwa 3.100 bis 2.700 v. Chr.) ein.
Da für die Schnurkeramischen Kulturen der Besitz von tönernen Bechern und Streitäxten kennzeichnend ist, bezeichnet man sie auch als Becher-Kulturen[1] oder Streitaxt-Kulturen[2]. Manche Zweige der Schnurkeramischen Kulturen wurden nach anderen Merkmalen benannt.[3]
Funde und Fundstellen der Schnurkeramischen Kulturen kennt man unter anderem aus den schweizerischen Kantonen Aargau, Luzern, Zürich, Schaffhausen, Zug und Thurgau. Der in der Schweiz vertretene Zweig der Schnurkeramiker gilt als die am südwestlichsten entdeckte Gruppe der Schnurkeramischen Kulturen, deren Verbreitungsgebiet vom Elsaß im Westen bis zur Ukraine im Osten reichte.

*Prähistorikerin Johanna Mestorf (1820–1909) aus Kiel.
Foto vor 1909*

Die Schnurkeramischen Kulturen lösten in der Nord- und Ostschweiz die Horgener Kultur (etwa 3.500 bis 2.800 v. Chr.) ab. Dieser Übergang vollzog sich – nach den Funden zu schließen – innerhalb von weniger als 100 Jahren, was nach archäologischen Kriterien als ein recht abrupter Wechsel gilt. In der Westschweiz erschienen die ersten Schnurkeramiker gebietsweise während der Lebensdauer der Saône-Rhône-Kultur (etwa 2.800 bis 2.400 v. Chr.) und lebten in deren Nachbarschaft. Im Laufe der Zeit besiedelten die Schnurkeramiker alle damals bewohnten Teile der Schweiz.
In Westdeutschland existierten die Schnurkeramischen Kulturen in fast allen Gebieten. In Norddeutschland bildete die Einzelgrab-Kultur (etwa 2.800 bis 2.300 v. Chr.) den nordöstlichsten Zweig der Schnurkeramischen Kulturen. Den Begriff Einzelgrab-Kultur hat 1882 die Prähistorikerin Johanna Mestorf (1820–1909) aus Kiel vorgeschlagen. Sie wurde 1891 Direktorin des Kieler Museums und war damit die erste Museumsdirektorin in Deutschland. Charateristisch für diese Kultur sind einzelne Gräber unter Erdhügeln. In Ostdeutschland behaupteten sich die Schnurkeramischen Kulturen in Sachsen, Sachsen-Anhalt, Thüringen, Brandenburg und Mecklenburg neben der dort teilweise gleichzeitig auftretenden Kugelamphoren-Kultur (etwa 3.100 bis 2.700 v. Chr.).
Irgendwann gegen 2.500 v. Chr. erschienen in Niederösterreich und im Burgenland Angehörige der Schnurkeramischen Kulturen. Die Keramikfunde aus Niederösterreich werden dem Lokaltyp Herzogenburg zugeschrieben, den 1981 die Wiener Prähistorikerin Elisabeth Ruttkay (1926–2009) als erste erkannte. Er wurde von ihr knapp vor die ältere Glockenbecher-Kultur datiert. Dies entspricht der Zeit von mehr als 2.500 v. Chr., in der die ostniederösterreichische Kosihy-Caka/Makó-Gruppe (etwa 2.800 bis 2.500 v. Chr.) noch existierte. Diese

Keramik der Einzelgrab-Kultur
aus Schleswig-Holstein.
Originale im Archäologischen Landesmuseum Schleswig-Holstein,
Schloss Gottdorf.
Foto: Einsamer Schütze / CC BY-SA 3.0
(via Wikimedia Commons),
lizensiert unter Creative-Commons-Lizenz by-sa-3.0-de,
https://creativecommons.org/licenses/by-sa/3.0/legalcode

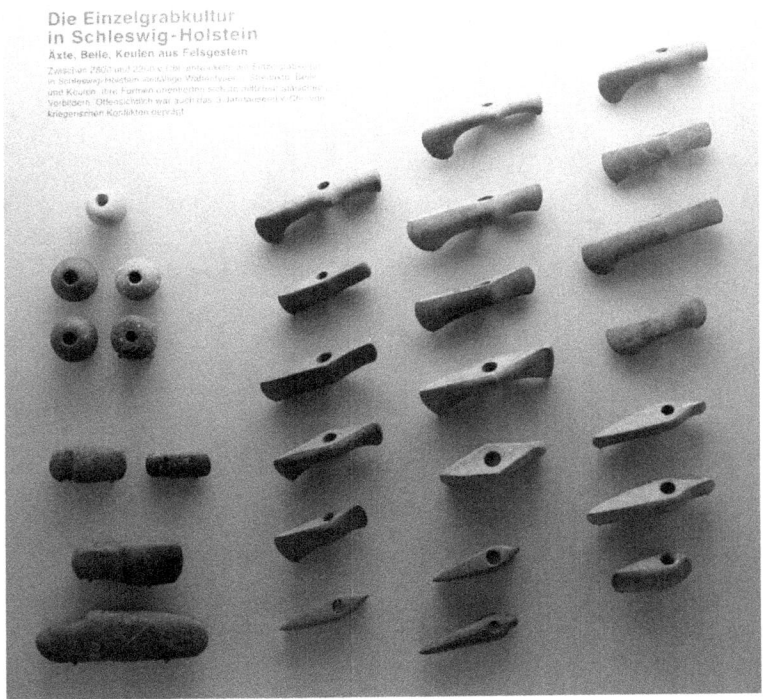

*Äxte, Beile und Keulenköpfe aus Felsgestein
der Einzelgrab-Kultur aus Schleswig-Holstein.
Originale im Archäologischen Landesmuseum Schleswig-Holstein,
Schloss Gottdorf.
Foto: Einsamer Schütze / CC BY-SA 3.0
(via Wikimedia Commons),
lizensiert unter Creative-Commons-Lizenz by-sa-3.0-de,
https://creativecommons.org/licenses/by-sa/3.0/legalcode*

*Wiener Prähistorikerin Elisabeth Ruttkay (1926–2009).
Foto: Naturhistorisches Museum Wien,
Prähistorische Abteilung*

Kulturstufe ist nach Fundorten in der Slowakei und in Ungarn benannt.

Nach 2.500 v. Chr. sind in einigen Gebieten der Schweiz auch Angehörige der rätselhaften Glockenbecher-Kultur[4] (etwa 2.500 bis 2.200 v. Chr.) aufgetaucht. Diese hatte aber nicht den Charakter einer selbständigen Kultur, sondern existierte als neue und fremdartige Erscheinung neben der einheimischen Bevölkerung.

Die Schnurkeramischen Kulturen fielen in die erste Hälfte des Subboreals[5] (etwa 3.800 bis 800 v. Chr.). Das Klima war noch immer günstiger als einige Jahrhunderte zuvor. Durch die wachsende Bevölkerungsdichte wurden die Wälder in der Umgebung der Siedlungen je länger desto stärker dezimiert. Am Südfuß des Jura waren Eichen-Buchen-Wälder mit starkem Hasel-Unterwuchs (sicher durch die Menschen gefördert) verbreitet. In der Ostschweiz herrschten vor allem Buchen- und Erlenwälder vor, während in den nördlichen Voralpen die ehemaligen Laubwälder durch Nadelwälder aus Fichten und Weißtannen völlig verdrängt worden waren.

Zu den damals in freier Wildbahn lebenden Tieren zählten unter anderen Auerochsen, Rothirsche, Rehe und Wildschweine.

Skelettreste von Schnurkeramikern aus Körpergräbern in Süddeutschland zeigten, dass manche Männer eine Körpergröße von mehr als 1,70 Meter und die Frauen bis zu 1,65 Meter erreichten. Über die Größe der in der Schweiz existierenden Schnurkeramiker sind keine Aussagen möglich, da man diese nach ihrem Tod verbrannt hat.

Während ein in Landersdorf[6] bei Thalmässing (Kreis Roth) in Mittelfranken entdecktes männliches Skelett 1,70 Meter aufwies, errechnete man für die in dem Gräberfeld von Schafstädt (Saalekreis) bestatteten Männer eine Durchschnittsgröße von

*Von Wölfen angegriffener Auerochse.
Zeichnung des Berliner Tiermalers
Heinrich Harder (1868–1935)*

1,62 Meter und für die Frauen von 1,54 Meter, was den Maßen der vorher dort lebenden Menschen entspricht. In Südwestdeutschland wurden die Männer dagegen wesentlich größer als bisher. Mit dem Auftreten der Schnurkeramiker änderte sich das Aussehen der Menschen in der Jungsteinzeit erheblich. Die stärker ausgeprägten großen Langschädel und schmalen Gesichter wiesen deutlich gröbere Gesichtszüge auf. Sie glichen darin wieder mehr den Menschen, die in der Mittelsteinzeit und in der frühesten Jungsteinzeit im gleichen Siedlungsraum lebten.
An in Mitteldeutschland entdeckten schnurkeramischen Funden erkannte man stark abgeschliffene Zähne, Zahnstein, Karies, entzündliche Vorgänge in der Umgebung der Zahnwurzelspitzen, Wirbelsäulenschäden, Altersgicht, Rachitis. Spondylose, gezogene Zähne und verheilte Brüche von Unterkiefer, Elle und Oberschenkel.
Die hohe Kunst der schnurkeramischen Medizinmänner spiegelt sich vor allem in den Schädeloperationen (Trepanation) wider. Bisher kennt man allein aus Mitteldeutschland mehr als 15 solcher Eingriffe, die ausschließlich an Männern vorgenommen wurden. Heilungsspuren an den Knochen rund um die Trepanationsöffnung zeigen, dass die meisten Operierten die Prozedur längere Zeit überlebten. Bei je einem Fall in Pritschöna (Saalekreis) und in Wechmar (Kreis Gotha) sind sogar zwei hintereinander heil überstandene Trepanationen nachgewiesen.
Zu solchen langwierigen, zumeist in Schabetechnik ausgeführten Operationen entschloss man sich vermutlich nur bei schweren Leiden und starken Schmerzen der Betroffenen. Im Falle der Wechmarer Trepanation dürfte ein Abszess oder Tumor am Hirnschädel das Motiv für den Eingriff gewesen sein. Die Untersuchung eines trepanierten Schädels aus

16

Bau eines Großsteingrabes zur Zeit
der Trichterbecher-Kultur (etwa 4.300 bis 3.000 v.- Chr.).
Zeichnung von Gerhard Beuthner (1867–nach 1935),
veröffentlicht in dem Erdal-Bilderbuch
„Aus Deutschlands Vorzeit" (1937)
von Erich Lissner (1902–1980)

Wiedebach (Burgenlandkreis) ergab, dass in diesem Fall die Operation mindestens 20 Jahre vor dem Tode ausgeführt wurde.
Zur Zeit der Schnurkeramiker ging es nicht immer friedlich zu, wie ein Ereignis in Mitteldeutschland belegt. 2005 stießen Archäologen in Eulau unweit von Naumburg an der Saale in Sachsen-Anhalt auf Spuren eines Massakers um 2.500 v. Chr. In einem Kiestagebau fanden sie vier Gräber mit insgesamt 13 menschlichen Skeletten. Es waren zwei Männer, drei Frauen und acht Kinder, die durch Pfeilschüsse und Axthiebe ihr Leben verloren haben. Ihre Mörder kamen vermutlich, als das Gros der Männer ihr Dorf verlassen hatte. Nach der Hockerlage, der Blickrichtung und den Beigaben der Toten zu schließen, handelte es sich bei diesen um Schnurkeramiker. Querstehende Pfeilspitzen, die eine junge Mutter getötet hatten, sind typisch für die im nördlichen Mitteldeutschland verbreitete Schönfelder Kultur (etwa 2.500 bis 2.100 v. Chr.). Die Art und der Gehalt des Elements Strontium im Zahnschmelz der drei ermordeten Frauen unterschied sich von den Werten der umgebrachten Männer und Kinder. Anscheinend waren die Frauen nicht an der Saale, sondern im Harz aufgewachsen, wo sie von Schnurkeramikern entführt wurden. Aus dem Harz kamen die Mörder, die aus Rache, Wut und Neid handelten. Die Herkunft der Schnurkeramiker in Mitteleuropa ist umstritten. Früher hielt man sie für aus dem Osten eingewanderte Steppennomaden, die in die Gebiete der Trichterbecher-Kultur (etwa 4.300 bis 3.000 v. Chr.) und anderer gleichzeitiger Kulturen eingedrungen waren. Die Annahme, es handle sich um nichtsesshafte Viehzüchter, begründete man mit den auffällig seltenen Siedlungsspuren, dem Übergewicht an Grabfunden. dem angeblichen Fehlen von Hinweisen auf Ackerbau und Viehhaltung.

Foto auf Seite 19:

*Eine der schnurkeramischen Mehrfachbestattungen von Eulau,
ein Ortsteil von Naumburg an der Saale (Burgenlandkreis)
in Sachsen-Anhalt),
bei denen Opfer eines Überfalls beerdigt wurden.
Die Mehrfachstattungen sind in der Dauerausstellung
des Landesmuseums für Vorgeschichte in Halle/Saale zu sehen.
Foto: Torsten Maue – https://www.flickr.com/photos/erwinrommel/
28316572889/in/album-72157693069935345/
CC BY-SA 2.0 (via Wikimedia Commons),
lizensiert unter Creative-Commons-Lizenz by-sa-2.0,
https://creativecommons.org/licenses/by-sa/2.0/legalcode*

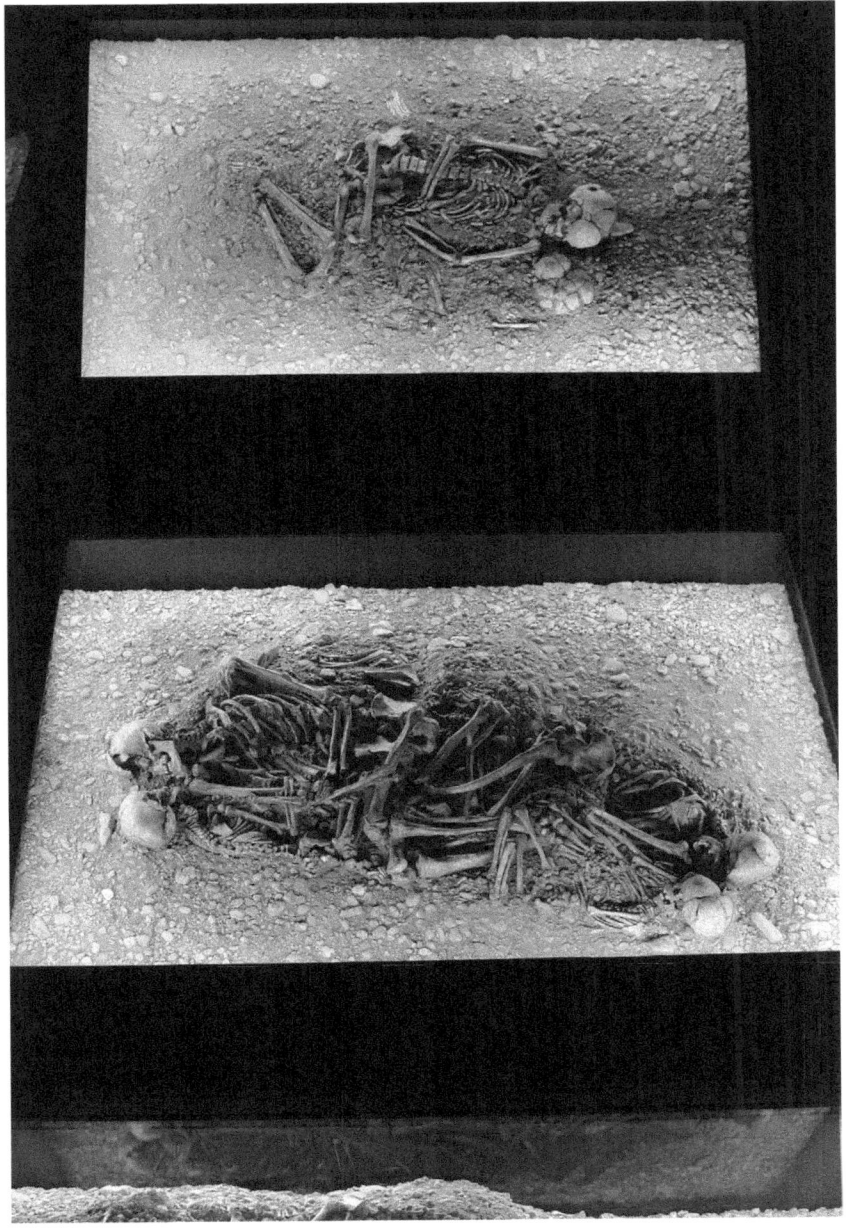

*Verbreitung der Schnurkeramik,
Kugelamphoren-Kultur, Badener Kultur und Jamnaja-Kultur.
Karte: Sir Henry / CC BY-SA 3.0 (via Wikimedia Commons),
lizensiert unter Creative-Commons-Lizenz by-sa-3.0,
https://creativecommons.org/licenses/by-sa/3.0/legalcode*

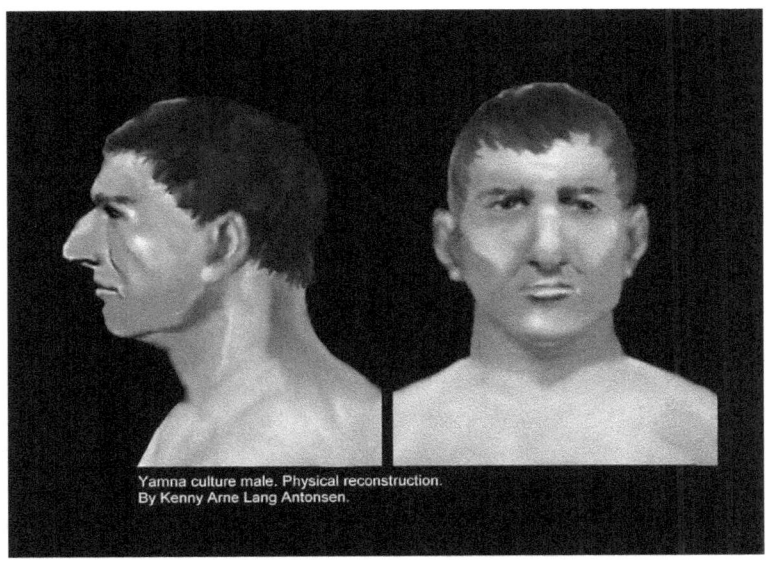

Rekonstruktion des Gesichtes eines Mannes der Jamnaja-Kultur.
Rekonstruktion: Kenny Arne Lang Antonsen / CC BY-SA 4.0
(via Wikimedia Commons),
lizensiert unter Creative-Commons-Lizenz by-sa-4.0,
https://creativecommons.org/licenses/by-sa/4.0/legalcode

*Der dänisch-französische Geograph
Conrad Malte-Brun (1775–1826) verwendete 1810
als erster den Begriff indogermanisch.
Bild (via Wikimedia Commons),
Lizenz: gemeinfrei (Public domain)*

Später ging man jedoch davon aus, dass sich die Schnurkeramischen Kulturen unter Aufnahme neuer kultureller Strömungen aus der Trichterbecher-Kultur entwickelten und dass auch die Schnurkeramiker Bauern waren. Zeitweise hatte man in ihnen wegen ihrer weit nach Osten reichenden Verbreitung sogar die ersten bekannten Indogermanen gesehen.[7] Nach Ansicht von Prähistorikern sollen sie in Wirklichkeit jedoch keine einheitliche Erscheinung gewesen sein, weshalb von einem Volk mit gleicher Sprache keine Rede sein könne.
Zu einem anderen Ergebnis kam 2015 eine gentechnische Studie von Wolfgang Haak (Jena), Iosif Lazaridis (Boston), Nick Patterson (Boston), Nadin Rohland (Boston) und weiteren Forschern. Demnach betrug der genetische Anteil der in Steppen von Südrussland und der östlichen Ukraine verbreiteten Jamnaja-Kultur (etwa 3.600 bis 2.300 v. Chr.) bei den Schnurkeramikern 75 Prozent. Nach Ansicht des Paläogenetikers David Reich (Boston) stammen die Schnurkeramiker größtenteils von Nomaden der Jamnaja-Kultur ab. Skelettreste der Schnurkeramiker und der Jamnaja verraten eine entfernte Verwandtschaft mit den amerikanischen Ureinwohnern, deren Vorfahren aus östlichen Gebieten von Sibirien stammen.
Die Jamnaja-Kultur wird auch als Grubengrab-Kultur oder Ockergrab-Kultur bezeichnet. Der Begriff „jama" heißt zu deutsch „Grube". James P. Mallory hatte 1997 von Yamna Culture gesprochen und David W. Anthony 2007 von Yamnaya horizon.
Im Gegensatz zu anderen Teilen des Verbreitungsgebietes der Schnurkeramischen Kulturen, wo die Funde meist aus Gräbern stammen, wurden in der Schweiz auch Hinterlassenschaften aus Siedlungen entdeckt. Man kennt etliche Seeufersiedlungen, bislang aber keine befestigten Siedlungen in Höhenlage.

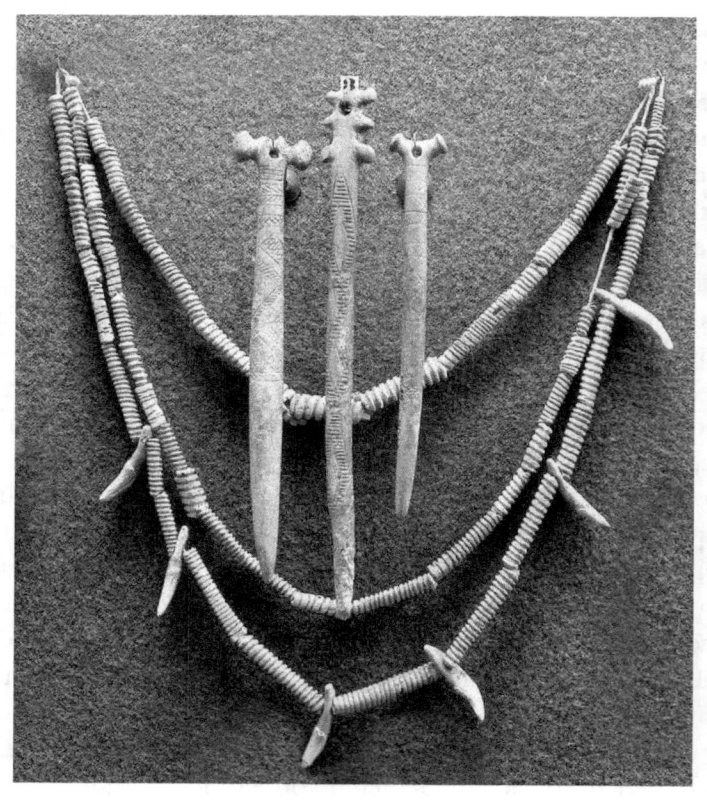

*Schmuckstücke aus Knochen und Zähnen
der Jamnaja-Kultur (etwa 3.600 bis 2.300 v. Chr.)
in der Eremitage in St. Petersburg (Russland).
Foto: EvgenyGenkin / CC BY 2.5 (via Wikimedia Commons),
lizensiert unter Creative-Commons-Lizenz by-2.5,
https://creativecommons.org/licenses/by/2.5/legalcode*

Zu den frühesten Siedlungen aus der älteren Phase der Schnurkeramischen Kulturen in der Schweiz gehört die Seeufersiedlung Zürich-Mythenschloss am Zürichsee. Die für den Bau dieses Dorfes verwendeten Baumstämme wurden nach dendrochronologischen Altersdatierungen um 2.620 v. Chr. gefällt.

Etwas später ist die schnurkeramische Seeufersiedlung Zürich-Mozartstraße am Zürichsee entstanden. Von dort sind Hölzer aus der Zeit von 2.602 bis 2.573 v. Chr., um 2.516 v. Chr. sowie um 2.490 v. Chr. bekannt. Demnach wurde diese Siedlung teilweise zu einer Zeit bewohnt, in der man in Ägypten die ersten Pyramiden er-richtete.

Die schnurkeramische Seeufersiedlung Zürich-Dufourstraße wurde durch eine U-förmige Umzäunung aus Pappelholz gegen die Landseite hin geschützt. Man hat den Zaun dreimal neu errichtet. Einmal bestand die Anlage aus zwei parallel verlaufenden Zäunen mit mindestens einem Durchlass zur Landseite. Diese Zäune konnten von den Dorfbewohner nur gemeinsam aufgestellt werden. Sie boten vielleicht einen gewissen Schtz vor einzelnen Angreifern oder Raubtieren, konnten aber einem größeren Überfall auf die Siedlung nicht standhalten. Die ehemaligen Bewohner hatten ihre Hütten auf einem Strandwall am Zürichsee erbaut. Neun rechteckige Hausgrundrisse erreichten eine Länge von etwa 4 bis 8 Metern und eine Breite von 3,20 Metern. Auf diese Siedlung war man beim Bau des Pressehauses in der Dufourstraße gestoßen. Deshalb spricht man manchmal auch von der Fundstelle Zürich-Pressehaus.

Seeufersiedlungen der Schnurkeramiker kennt man unter anderem vom Zürichsee (Zürich-Dufourstraße, Zürich--Mozartstraße, Zürich-Mythenschloss, Zürich-Utoquai, Zürich-Wollishofen, Erlenbach, Meilen), vom Greifensee und vom

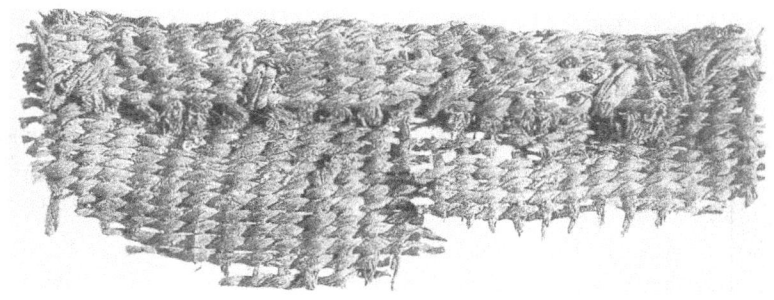

*Schnurkeramisches Geflecht aus Vinelz am Bieler See
im Kanton Bern.
Breite 9,5 Zemtimeter.
Original im Bernischen Historischen Museum.
Foto: Bernisches Historisches Museum*

Pfäffiker See (Robenhausen) im Kanton Zürich. Die Schnurkeramiker haben also teilweise an denselben Plätzen gesiedelt wie zuvor die Horgener Leute.
Weitere Seeufersiedlungen wurden am Baldegger See (Baldegg) im Kanton Luzern, am Bieler See (Lüscherz, Sutz, Vinelz) im Kanton Bern sowie am Neuenburger See (Auvernier, Portalban) entdeckt. In Auvernier und Portalban folgten sie auf Siedlungen der Saône-Rhône-Kultur.
Wie Pflugspuren in Castaneda[8] im Kanton Graubünden zeigen, haben Schweizer Schnurkeramiker den Boden bearbeitet. Dort zeichneten sich die Furchen als gitterartige, dunkle Verfärbung im hellen Untergrund ab. Der Abstand der Furchen voneinander betrug durchschnittlich etwa 60 Zentimeter, ihre maximale Breite etwa 6 bis 7 Zentimeter.
Die Schnurkeramiker bauten verschiedene Getreidearten an und hielten Rinder, Schweine, Schafe, Ziegen, Hunde sowie offenbar auch Pferde als Haustiere. Ihre Nahrung bestand hauptsächlich aus landwirtschaftlichen Produkten.
Das Pferd habe bei den Schnurkeramischen Kulturen in mehreren Regionen zunehmend an Bedeutung gewonnen, heißt es in der Literatur. Archäozoologischen Untersuchungen zufolge habe man Pferde sowohl als Zugtiere als auch als Reittiere eingesetzt. Die weiträumige Verbreitung der Schnurkeramischen Kulturen wurde unter anderem auf Pferde zurückgeführt.
Die als Vorfahren der Schnurkeramiker geltenden Jamnaja-Nomaden gelten als eines der ersten Reitervölker der Welt. Sie perfektionierten das Rad und bauten Wagen, um ihren Viehherden zu folgen.
Auch die Angehörigen der Einzelgrab-Kultur, die – wie erwähnt – als nördlicher Zweig der Schnurkeramischen Kulturen gilt, sollen Hauspferde besessen haben. Denn in Borgstedt (Kreis

Schnurkeramische Pflugspuren von Castaneda im Kanton Graubünden aus der Zeit um 2.600 v. Chr. Abstand der Furchen voneinander etwa 60 Zentimeter, maximale Breite der einzelnen Furchen etwa 6 bis 7 Zentimeter. Foto: Archäologischer Dienst, Graubünden

Rendsburg-Eckernförde) in Schleswig-Holstein wurde zusammen mit einer Bestattung dieser Kultur das Oberkieferfragment eines Pferdes mit je sechs Backenzähnen der linken und rechten Oberkieferseite gefunden. Nach den Zähnen zu schließen, handelt es sich um ein etwa zehn Jahre altes Pferd. Ungewiss ist, ob es sich um ein Wild- oder ein Hauspferd handelt.
Im Buch „Deutschland in der Steinzeit" (1991) von Ernst Probst ist eine Zeichnung von Fritz Wendler (1941–1995) zu sehen, die einen schnurkeramischen berittenen Krieger mit einer Streitaxt in der linken Hand und einem Feuersteindolch am Gürtel zeigt. Derartige Reiterkrieger wurden früher irrtümlich mit den Indogermanen gleichgesetzt.
Die teilweise gleichzeitig wie die Schnurkeramiker existierenden Glockenbecher-Leute haben in Portugal, Spanien, Frankreich, England und Irland Pferde als Haustiere eingeführt. In Deutschland schätzte man diese Tiere schon früher als lebenden Fleischvorrat. Im Grab I von Oberstimm bei Manching (Kreis Pfaffenhofen a. d. Ilm) in Oberbayern lag bei den Füßen eines fast 1,80 Meter großen Mannes ein Pferdeschädelfragment. In Zuchering (Kreis Ingolstadt) hatte man einem Bestatteten einen Pferdeknochen mit ins Grab gelegt. Aus Vyskov in Mähren kennt man eine Bestattung, der zwei Pferdeschädel beigegeben waren. In einer Siedlung mit Häusern aus Lehmziegeln auf dem Cerro de la Virgen in Orce (Provinz Granada) enthielten die untersten Schichten keine Pferdeknochen, während solche gleichzeitig mit dem Auftreten der Glockenbecher-Kultur häufig nachweisbar sind.
Begehrte Tauschobjekte waren auch damals noch der Grand--Pressigny-Feuerstein aus Frankreich und Bernstein von der Ostseeküste, wie Funde aus Deutschland zeigen. Aus Bernstein hat man verschieden geformte Anhänger geschaffen. Eines

Berittener Krieger aus der Zeit der Schnurkeramischen Kulturen mit Streitaxt in der linken Hand und Feuersteindolch am Gürtel. Derartige Reiterkrieger oder Streitaxt-Leute wurden früher irrtümlich mit den Indogermanen gleichgesetzt. Zeichnung von Fritz Wendler (1941–1995) für das Buch „Deutschland in der Steinzeit" (1991) von Ernst Probst

Bild „Glockenbecherleute" von Gerhard Beuthner (1867–nach 1935),
veröffentlicht in dem Erdal-Bilderbuch
„Aus Deutschlands Vorzeit" (1937)
von Erich Lissner (1902–1980)

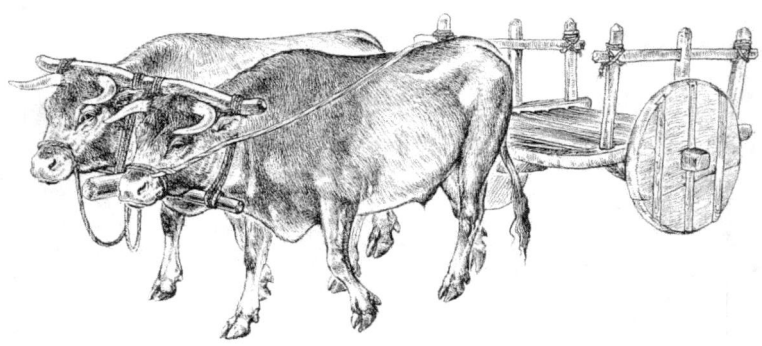

*Zweirädiger Wagen mit zwei als Zugtiere vorgespannten Rindern
aus der Zeit der Schnurkeramischen Kulturen.
Reste derartiger Gefährte sind aus Seeufersiedlungen geborgen worden.
Zeichnung von Fritz Wendler (1941–1995)
für das Buch „Deutschland in der Steinzeit" (1991)
von Ernst Probst*

der Vorkommen befand sich im Weichseldelta. Dort wurden im Sommer auf trockengefallenen Sandbänken zwischen den Wiesen der Flussmarschen große Mengen Bernstein gesammelt.

Diese Menschen bauten bereits Karren oder Wagen mit Holzrädern, vor die sie vermutlich Rinder spannten. Reste eines solchen Gefährts kamen 1976 bei Grabungen in der Seeufersiedlung Zürich-Dufourstraße zum Vorschein. Dabei handelt es sich um drei Räder aus Buchenholz mit einem ursprünglichen Durchmesser von 65 Zentimetern und einer Dicke von 6 Zentimetern sowie um eine Radachse. Jedes dieser Räder wurde aus zwei Brettern geschaffen, die miteinander durch Einschubleisten aus Eschenholz in Nuten verbunden waren. Diese Räder gehörten entweder zu einem vierrädrigen Wagen oder zu zwei zweirädrigen Karren. Das vierte Rad wurde nicht gefunden.

Aus der Zeit der Schnurkeramischen Kulturen dürften auch das Bruchstück eines hölzernen Scheibenrades, eine Achse und ein Doppeljoch aus der Seeufersiedlung von Vinelz am Bieler See stammen, die sich beide nicht exakt einer bestimmten Kultur zuordnen lassen. Der Räderrest aus Vinelz ist Teil eines Rades, das schätzungsweise um 2.500 v. Chr. geschaffen wurde. Er könnte also auch aus einem Dorf der Saône-Rhône-Kultur stammen. Das Doppeljoch aus Vinelz besteht aus Ahornholz und ist 1,42 Meter lang.

Bei Rohstorf (Kreis Lüneburg) in Niedersachsen entdeckte 1974 der Hamburger Prähistoriker Friedrich Laux bei einer Nachgrabung im Steingrab III zwei tönerne Scheibenräder eines kleinen Wagens. Zunächst stieß er auf das Bruchstück einer durchlochten tönernen Scheibe mit glattem Rand. Später bemerkte er unter den Funden einer älteren Ausgrabung ein zweites besser erhaltenes Exemplar. Laux erkannte in diesen

*Wandplatte aus dem Steinkammergrab
von Leuna-Göhlitzsch (Saalekreis) in Sachsen-Anhalt
mit Darstellung von Pfeilen im Köcher (links),
einem querliegenden Bogen (rechts)
und darunter einem Teppichmuster aus vier Feldern
und Zickzacklinien.
Zeitweise wurde dieses Steinkammergrab
der Salzmünder Kultur, Bernburger Kultur
oder Schnurkeramik zugeordnet.
Länge der Platte 1,94 Meter, Breite 95 Zentimeter,
Dicke 26 Zentimeter.
Original im Landesmuseum für Vorgeschichte Halle/Saale.
Foto: Landesmuseum für Vorgeschichte Halle/Saale*

beiden tönernen Objekten zwei Scheibenräder eines Wägelchens aus der Zeit der Einelgrab-Kultur. Es ähnelt einem vierrädrigen Wagen der Badener Kultur (etwa 3.600 bis 3.000 v. Chr.) aus Budakalász nördlich der ungarischen Hauptstadt Budapest.
Von Schnurkeramikern sind vermutlich die durch morastige Gegenden führenden Holzbohlenwege in der holländischen Provinz Drenthe angelegt worden. Es liegt nahe, dass auch die Schnurkeramiker in Deutschland und in der Schweiz bereits Wägen und Wege bauten. Bei den an Seeufern legenden schweizerischen Siedlungen ist die Verwendung von Einbäumen als Wasserfahrzeuge denkbar.
Als Schmuck waren Halsketten mit durchbohrten Tierzähnen vor allem von Hunden sowie Schmuckstücke aus Knochen, Muscheln, Bernstein und Kupfer beliebt. Auf die Kopfzier einer Frau in Wolkshausen (Kreis Würzburg) in Bayern hatte man etwa 130 durchbohrte Tierzähne aufgenäht. Allein in Mitteldeutschland wurden in etwa 50 Gräbern kupferne Schmuckstücke gefunden, nämlich Blechröhrchen, Spiralröllchen, Spiralringe, Armringe, Kopfbänder, Fingerringe und Perlen. Aus den schnurkeramischen Siedlungen von Greng und Portalban (Kanton Freiburg) kennt man kleine Schmucknadeln aus Eberhauern und Hirschgeweih.
Die Schweizer Schnurkeramiker haben im Gegensatz zu ihren mitteldeutschen Zeitgenossen keine großartigen Kunstwerke hinterlassen. Zu welch großen künstlerischen Leistungen die Schnurkeramiker fähig waren, zeigt die Ausschmückung der Steinkammergräber im Ortsteil Göhlitzsch von Leuna (Saalekreis) und in der Dölauer Heide bei Halle/Saale in Sachsen-Anhalt. Das unsicher datierte Steinkammergrab von Göhlitzsch wurde bereits 1750 bei der Kanichenjagd entdeckt. Man hat es zeitweise der Schnurkeramik oder der Salzmünder Kultur (etwa

*Bestattung im Steinkammergrab von Göhlitzsch,
einem Ortsteil von Leuna (Saalekreis) in Sachsen-Anhalt.
Zeichnung von Gerhard Beuthner (1867–nach 1935),
veröffentlicht in dem Erdal-Bilderbuch
„Aus Deutschlands Vorzeit" (1937)
von Erich Lissner (1902–1980).
In jenem Bilderbuch rechnete man das Steinkammergrab
von Göhlitzsch der Schnurkeramik.
Heute wird auch eine Zugehörigkeit zur Salzmünder Kultur
oder Bernburger Kultur erwogen.*

3.700 bis 3.200 v. Chr.) oder der Bernburger Kultur (etwa 3.200 bis 2.800 v. Chr.) zugeordnet. Alle sechs Wandplatten des 2,19 Meter langen, 1,25 Meter breiten, 1,25 Meter hohen, mit drei Blöcken abgedeckten Grabes wurden auf der Innenseite durch eingravierte sowie aufgemalte Muster und Darstellungen verschönert. Die Muster ahmen vielleicht Wandbehänge nach, die es damals womöglich schon in manchen Häusern gab. Diese Vermutung äußerte jedenfalls bereits der Prähistoriker Hans Hahne[9] (1875–1935) aus Halle/Saale. Sämtliche Wandplatten des Göhlitzscher Steinkammergrabes wurden oben durch einen Zackenfries begrenzt. Auf der bekanntesten Platte fand sich darunter eine waagrechte Linie, die beidseitig von kleinen Zacken gesäumt war. Darunter folgte die Darstellung eines querliegenden Bogens. An dieses Waffenmotiv schloss sich ein Teppichmuster aus vier Feldern mit Zickzacklinien an. Zwischen den Feldern sind jeweils zwei senk-rechte Linien mit kurzen waagrechten oder schrägen Strichen angebracht. Links neben Zackenfries, Bogen und Teppichmuster ist ein mit sechs Pfeilen gefüllter Köcher zu erkennen.

Auch auf anderen Göhlitzscher Wandplatten sind neben Zackenfriesen und Tannenzweigmustern bemerkenswerte Darstellungen hinterlassen worden. So ist im unteren Drittel eines dieser Wandsteine eine querliegende geschäftete Axt abgebildet, deren Klinge zum Boden weist.

1953 und 1955 wurde das verzierte schnurkeramische Steinkammergrab auf dem kleinen Hochplateau namens Bischofswiese in der Dölauer Heide westlich von Halle/Saale von dem Prähistoriker Hermann Behrens erforscht.[10] Dieses Grab bestand aus 13 Wandsteinen und wurde mit sechs länglichen Platten abgedeckt. Die Grabkammer war innen 3,20 mal 1,20 Meter groß und einen Meter hoch. Von den Wandsteinen sind sieben auf der Innenseite mit eingravierten und zum Teil auf-

*Blick in das Innere
des verzierten schnurkeramischen Steinkammergrabes
von der Bischofswiese in der Dölauer Heide
bei Halle/Saale in Sachsen-Anhalt.
Länge der Grabkammer innen 3,20 Meter,
Breite 1,20 Meter, Höhe 1 Meter.
Original im Landesmuseum für Vorgeschichte Halle/Saale.
Foto: Landesmuseum für Vorgeschichte Halle/Saale*

gemalten Mustern geschmückt. Als Verzierung dienten Wolfszahn-, Tannenzweig-, Zickzack-, Leiter- und alternierende Schrägstrichmuster. Auf einer der Wandplatten befindet sich am linken Rand eine 36 Zentimeter hohe und maximal 21,5 Zentimeter breite eiförmige Gestalt. die als stilisiertes Abbild der sogenannten „Dolmengöttin" gilt. Rechts neben dieser Gottheit wurde ein rätselhaftes haken- oder galgenförmiges Zeichen eingraviert, das aus einem senkrechten Balken mit nach links gewandtem kürzerem Querbalken besteht. Solche galgenförmigen Zeichen treten auf einem anderen Wandstein sogar viermal auf.
Die Knochenreste aus dem Steinkammergrab in der Dölauer Heide stammen vermutlich nur von einem einzigen Menschen. Dieses mit so viel Aufwand und Geschick verzierte Grab dürfte ebenso wie das von Göhlitzsch für einen Häuptling bestimmt gewesen sein, den man vermutlich mit reichen Beigaben versah, damit es ihm im Jenseits an nichts mangeln sollte. Sein Reichtum hat offenbar Zeitgenossen nicht ruhen lassen. Ein nach der Bestattung in der nordöstlichen oberen Grabkammerecke geschlagenes Loch verrät, dass der Tote seiner Beigaben (Waffen, Schmuck) beraubt wurde.
Angehörige einer derart kunstsinnigen Kultur dürften wohl auch Musik und Tanz geschätzt haben. Dafür konnten jedoch bisher noch keine archäologischen Hinweise erbracht werden. Nur als Kuriosum sei erwähnt, dass die Darstellung des mit sechs Pfeilen gefüllten Köchers aus dem Göhlitzscher Steinkammergrab früher irrtümlich als sechssaitige Laute fehlgedeutet wurde.
Unter den Tongefäßen der Schnurkeramischen Kulturen waren Becher und Amphoren die am häufigsten hergestellten Formen. Daneben gab es Schalen mit und ohne Füßchen sowie Henkelkannen und -tassen.

Wandplatte aus dem schnurkeramischen Steinkammergrab von der Bischofswiese in der Dölauer Heide bei Halle/Saale in Sachsen-Anhalt mit Darstellung der „Dolmengöttin" und galgenförmigen Zeichen.
Original im Landesmuseum für Vorgeschichte Halle/Saale.
Foto: Landesmuseum für Vorgeschichte Halle/Saale

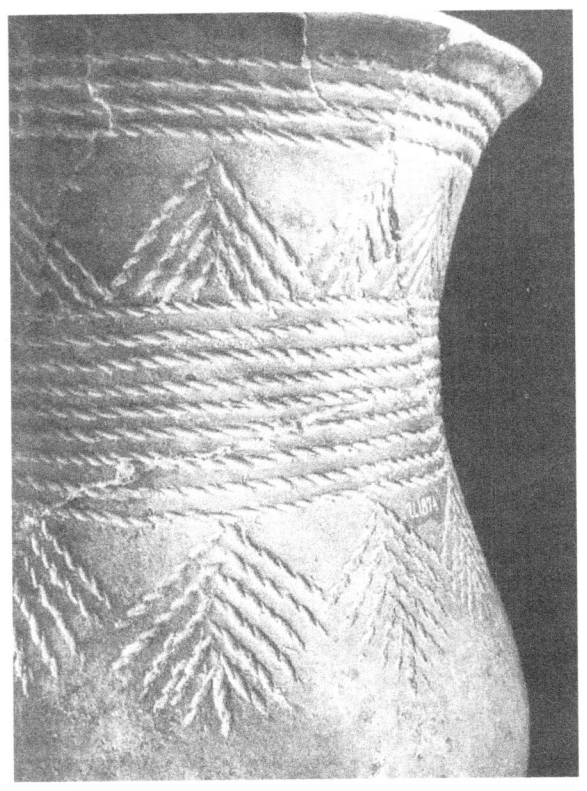

*Verzierter schnurkeramischer Becher
von Wiesbaden (Waldstück „Hebenkies") in Hessen.
Gesamthöhe etwa 21,5 Zentimeter.
Das Tongefäß wurde 1817 bei der Grabung
des preußischen Gesandtschaftssekretärs in Kopenhagen,
Wilhelm Dorow (1790–1846),
während eines Kuraufenthaltes entdeckt.
Original im Museum Wiesbaden.
Foto: Sascha Kopp, Wiesbaden*

Bootaxt der Einzelgrab-Kultur aus Boberow (Kreis Prignitz).
Original im Archäologischen Landesmuseum Brandenburg.
Foto: Wolfgang Sauber / CC BY-SA 4.0 (via Wikimedia Commons),
lizensiert unter Creative-Commons-Lizenz by-sa-4.0,
https://creativecommons.org/licenses/by-sa/4.0/legalcode

Bootaxt oder Streitaxt von Dunderland in Norwegen, im Sommer 2003 von einem dänischen Touristen entdeckt. Foto: Sandivas / CC BY-SA 3.0 (via Wikimedia Commons), lizensiert unter Creative-Commons-Lizenz by-sa-3.0, https://creativecommons.org/licenses/by-sa/3.0/legalcode

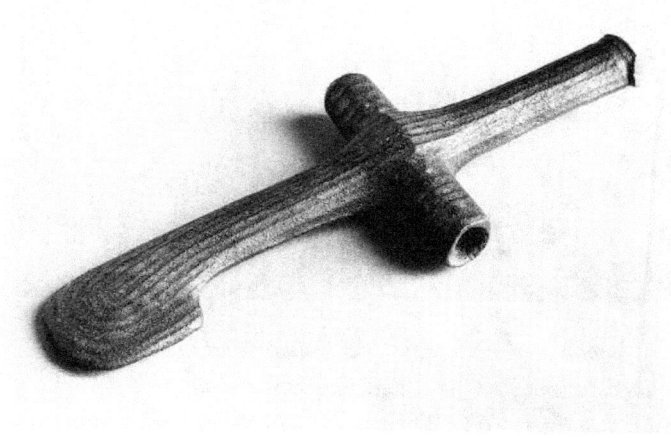

*Verzierte kupferne Streitaxt
vermutlich aus der Zeit der Schnurkeramischen Kulturen
aus der Gegend von Mainz in Rheinland-Pfalz.
Länge 25,5 Zentimeter.
Original im Landesmuseum Mainz.
Foto: Landesmuseum Mainz.*

Die schnurkeramischen Töpfer haben die Außenwand der meisten Tongefäße verziert, der Boden blieb in der Regel ohne Muster. Unter den Verzierungsmustern überwogen Ornamente, die man mit Hilfe von geflochtenen Schnüren herstellte, die vor dem Brand im Töpferofen in den weichen Ton eingedrückt wurden. Auf diese Schnurabdrücke geht – wie erwähnt – der Name dieser Kultur zurück. Die Schnurmuster erzeugte man auf verschiedene Art und Weise. So wand man beispielsweise eine lange Schnur spiralig um das Gefäß und drückte sie gleichmäßig ein. Bei einer anderen Methode nahm man eine Schnur oder mehrere nebeneinanderliegende Schnüre zwischen Daumen und Zeigefinger beider Hände und hielt sie ringfömig um den Gefäßkörper. In diesem Fall musste eine zweite Person die Schnüre in den Ton pressen. Bei solcherart verschönerten Gefäßen kann man bei genauem Hinsehen deutlich die Nahtstelle der aneinanderstoßenden Schnurenden erkennen. Bei einer weiteren Verzierungstechnik drückte man kurze Schnurstücke in den Ton und fügte sie zu Dreieck- oder Fransenmustern zusammen.

Die Schnurkeramiker beherrschten meisterhaft die Herstellung von Werkzeugen und Waffen aus unterschiedlichen Steinarten. Aus Feuerstein schlugen sie neben Beilen, Meißeln und Klingen, die wohl als Werkzeuge dienten, auch formvollendete Waffen wie Dolche und Pfeilspitzen zurecht. Felsgestein diente als Rohstoff für durchlochte Keulenköpfe, Arbeits- und vor allem Streitäxte, die kunstgerecht zugeschliffen wurden.

Bei der Formgebung der Feuersteindolche und steinernen Streitäxte kopierte man das Erscheinungsbild kupferner Vorbilder. Für die Streitäxte der Schnurkeramiker sind die asymmetrische Schneide und die feinpolierte metallisch glänzende Oberfläche kennzeichnend. Bei den Streitäxten wurden sogar die Gussnähte der Kupferäxte nachgeahmt.

*Ferdinand Keller (1800–1881),
Präsident der Antiquarischen Gesellschaft in Zürich.
Foto: (via Wikimedia Commons),
Lizenz: gemeinfrei (Public domain)*

Deutlich seltener als Steingeräte hat man Werkzeuge und Waffen aus Tierknochen geschnitzt. Aus Knochen schuf man unter anderem Meißel, Pfrieme und Dolche. Das Rohmaterial hierfür stammte von geschlachteten Haustieren. Daneben besaßen die Schnurkeramiker aber auch Pfrieme und Dolche aus Kupfer. Die Dolche waren – nach ihrer Verwendbarkeit zu schließen – eher Prunk- als Gebrauchsgeräte. Es hat den Anschein, als habe das Metall bei den Schnurkeramikern eine besondere, prestigebehaftete Bedeutung besessen. Als Axtform dieser Kultur gilt der Typ Eschollbrücken. Darunter versteht man hammerartige Äxte, wie sie im Stadtteil Eschollbrücken von Pfungstadt (Kreis Darmstadt-Dieburg) in Hessen gefunden wurden.
Im Gegensatz zu anderen Zweigen der Schnurkeramischen Kulturen haben die Schweizer Schnurkeramiker ihre Toten verbrannt. Gefunden wurden Brandbestattungen, die von kleinen oder großen Grabhügeln mit einem Durchmesser bis zu 20 Metern überwölbt sind. Manchmal bilden die einzelnen Grabhügel regelrechte Gräberfelder. Zu den größten Gräberfeldern der Schnurkeramischen Kulturen in der Schweiz gehören diejenigen von Schöfflisdorf im Kanton Zürich und von Sarmensdorf im Kanton Aargau.
Das Gräberfeld von Schöfflisdorf[11] umfasste 31 Grabhügel. Seine Entdeckungsgeschichte begann bereits 1846. Damals wurde der Antiquarischen Gesellschaft in Zürich mitgeteilt, der Gemeindeförster von Schöfflisdorf habe mehrere Grabhügel gefunden. Darauf beauftragte die Gesellschaft den Prähistoriker Ferdinand Keller (1800–1881) mit der Ausgrabung, der 1866 und 1909 weitere Untersuchungen durch andere Forscher folgten.
Die bei den Grabungen in Schöfflisdorf gewonnenen Erkenntnisse erlaubten interessante Einblicke in das Bestat-

Heinrich Angst (1847–1922),
der spätere Direktor des Landesmuseums in Zürich,
untersuchte ab Oktober 1866 als Student
die Gräber von Schöfflisdorf.
Foto von Ph. & E. Linke, Zürich.
https://www.e-periodica.ch/digbib/view?pid=dis-001:1923:26#339 /
CC BY-SA 4.0 (via Wikimedia Commons),
lizensiert unter Creative-Commons-Lizenz by-sa-4.0,
https://creativecommons.org/licenses/by-sa/4.0/legalcode

Der Zürcher Heimatforscher Jakob Heierli (1853–1912)
untersuchte 1908 und 1909 das Gräberfeld von Schöfflisdorf.
Foto: Porträt vor 1912
(via Wikimedia Commons),
Lizenz: gemeinfrei (Public domain)

Schnurkeramische Totenhütte unter Grabhügel 2
im Zigiholz bei Sarmenstorf (Kanton Aargau).
Rekonstruktion des Lehrers, Historikers und Archäologen
Dr. Reinhold Bosch (1887–1973) von 1944.
Bild: ETH Zürich / CC BY-SA 4.0 (via Wikimedia Commons),
lizensiert unter Creative-Commons-Lizenz by-sa-4.0,
https://creativecommons.org/licenses/by-sa/4.0/legalcode

*Schnurkeramisches Mondsichelgrab
im Zigiholz bei Sarmenstorf (Kanton Aargau).
Foto: ETH Zürich, Aufnahme von Leo Wehrli (1870–1954) von 1944 /
CC BY-SA 4.0 (via Wikimedia Commons),
lizensiert unter Creative-Commons-Lizenz by-sa-4.0,
https://creativecommons.org/licenses/by-sa/4.0/legalcode*

tungswesen der Schweizer Schnurkeramiker. In Schöfflisdorf wurde jeder Verstorbene auf einem mächtigen Scheiterhaufen verbrannt. Danach schüttete man den Brandschutt mitsamt dem Leichenbrand zu einem Haufen auf. Über diesen legte man Beigaben in Form von Tongefäßen, die vermutlich eine für den Toten bestimmte Wegzehrung enthielten, sowie Steingeräte für das Weiterleben im Jenseits, in dem der Verstorbene nichts entbehren sollte. Nun errichtete man entweder einen kleinen Holzbau – eine sogenannte Totenhütte – darüber oder bedeckte das Ganze mit einer Steinpackung, über die man einen flachen Erdhügel aufschüttete. Totenhütten waren vielleicht vornehmen Kriegern oder Häuptlingen vorbehalten. Den Erdhügel hat man manchmal mit einem Steinmantel versehen, den man ebenfalls mit Erde bedeckte. Manche dieser Grabhügel wurden später für Nachbestattungen im Hügel benutzt, bei denen man sich weniger Mühe machte.

Zum 1926/27 ausgegrabenen Gräberfeld im Zigiholz oberhalb von Sarmensdorf gehörten 21 sich teilweise überschneidende Grabhügel. Besonders aufschlussreich war das Innere von Grabhügel 2. Er enthielt eine Totenhütte mit einem Grundriss von etwa 5 mal 3,30 Metern. Diese wurde durch ein Mäuerchen in zwei Räume geteilt, von denen der westliche über eine gepflasterte Herdstelle verfügte. Die Totenhütte baute man in den Brandschutt des Scheiterhaufens hinein und füllte sie mit dessen Resten bis auf 1,20 Meter Höhe. Die sorgfältig aufgelesenen Knochenreste und die verbrannten Beigaben hat man an je einer Stelle der beiden Räume deponiert. Die Totenhütte wurde mit Balken überdacht und mit einer Steinsetzung versehen. Dann umfriedete man die Totenhütte mit einem Steinkranz und begrub sie unter einem Erdhügel. Im Grabhügel 6 stieß man neben der von einer Steinpackung abgedeckten

Bestattung auf zwei von einer lockeren ovalen Steinsetzung umgebene Feuerstellen, die wohl beim Grabritus eine Rolle spielten. Als in seiner Art einmalig wird das sichelförmige Mondsichelgrab im Zigiholz bezeichnet. In manchen Grabhügeln von Sarmensdorf erfolgten in der Bronzezeit um 1.400 v. Chr. Nachbestattungen.

Das Bestattungswesen der Schweizer Schnurkeramiker spiegelt komplizierte Jenseitsvorstellungen wider, die mit dem Glauben an den „lebenden Leichnam" verbunden gewesen sein könnten. In diesem Sinne lassen sich die Totenhütten in den Grabhügeln vielleicht als Häuser für die Bestatteten deuten.

Außerhalb der Schweiz bestatteten die Schnurkeramiker ihre Toten unverbrannt einzeln unter Grabhügeln. In Mitteleuropa erfolgten die Bestattungen meistens so, dass sich der Kopf im Osten und die Füße im Westen befanden (Ost-West-Achse). Generell ruhten Verstorbene mit zum Körper hin angezogenen Beinen und auf einer Seite liegend in einer Schlafstellung. Männer lagen rechtsseitig mit dem Kopf nach Westen und Frauen linksseitig mit dem Kopf nach Osten. Die Blickrichtung beider Geschlechter wies nach Süden. Im östlichen Mitteleuropa und in Osteuropa bevorzugte man bei der Ausrichtung der Toten die Nord-Süd-Achse (Kopf im Norden, Füße im Süden) und die Blickrichtung nach Osten.

Als größtes schnurkeramisches Gräberfeld in Mitteldeutschland gilt der bereits erwähnte Fundort Schafstädt[12] in Sachsen-Anhalt. Dort konnte man rund 100 Gräber nachweisen. Besonders interessant ist ein Steinkammergrab, für das ein 94 Zentimeter hoher, 49 Zentimeter breiter und 25,5 Zentineter dicker Menhir als Baumaterial verwendet wurde. Auf der Vorderseite des 1962 entdeckten Menhirs ist eine stilisierte menschliche Figur zu sehen. Im Gesicht erkennt man zwei tief eingebohrte Augen, Augenbrauen und eine Nase. Unter-

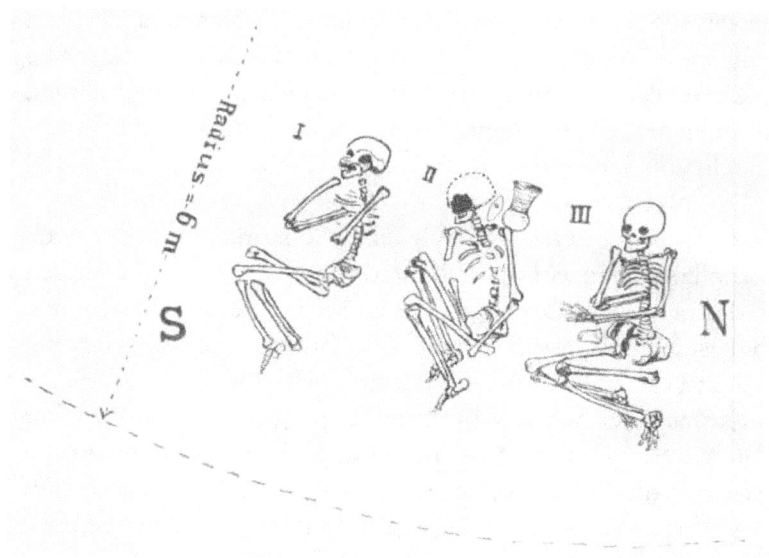

*Schnurkeramische Hockerbestattungen
mit zum Körper hin angezogenen Beinen
im Derfflinger Hügel bei Kalbsrieth im Kyffhäuserkreis (Thüringen).
Bild: Armin Möller (1865–1938):
Der Derfflinger Hügel bei Kalbsrieth (Grossherzogtum Sachsen) :
eine thüringische Nekropole aus dem Unstruttale
von der Steinzeit bis zur Einführung des Christentums benutzt
(= Festschrift zur 43. allgemeinen Versammlung
der Deutschen Anthropologischen Gesellschaft
4.–8. August 1912 in Weimar. Heft 3). Fischer, Jena 1912.*

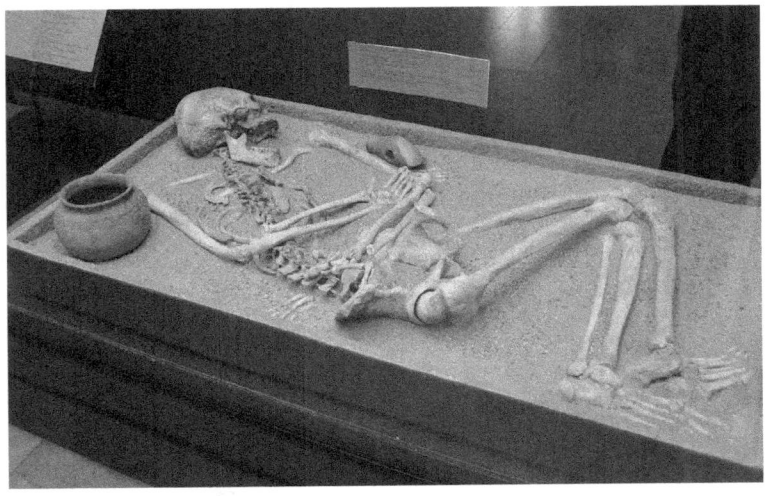

*Bestattung der Fatjanovo-Kultur,
die zu den Schnurkeramischen Kulturen gehört,
mit Tongefäß und Axt als Beigaben.
Foto: Lapot (via Wikimedia Commons),
Lizenz: gemeinfrei (Public domain)*

*Schnurkeramischer Statuenmenhir von Schafstädt,
Ortsteil von Bad Lauchstädt im Saalekreis in Sachsen-Anhalt.
Höhe 94 Zentimeter, Breite 49 Zentimeter, Dicke 25,5 Zentimeter.
Original im Landesmuseum für Vorgeschichte in Halle (Saale).
Foto: Einsamer Schütze / CC BY-SA 4.0 (via Wikimedia Commons),
lizensiert unter Creative-Commons-Lizenz by-sa-4.0,
https://creativecommons.org/licenses/by-sa/4.0/legalcode*

halb des Kopfes befindet sich ein halbmondförmiges Schmuckstück: eine Lunula. Zwischen den Händen trägt die Figur einen kammartigen Gegenstand mit sechs Zinken. Unterhalb der Hände stellen drei um den ganzen Stein herum verlaufende Linien wohl einen Gürtel dar. Der Menhir wurde mit der Spitze, also mit dem Gesicht nach unten, in den Boden gesteckt und als Wandteil benutzt. Man hat die Bilddarstellung darauf ignoriert.

Der Ausdruck Menhir für aufrecht stehende und teilweise sehr hohe Steine setzt sich aus den bretonischen (keltischen) Wörtern men (= Stein) und hir (= lang) zusammen. Menhir bedeutet also „langer Stein", „hoher Stein" oder „aufgerichteter Stein".

Wir wissen nicht, welche Bedeutung die Menhire für ihre Schöpfer hatten. Der Prähistoriker Paul Grimm (1907–1993) aus Halle/Saale hielt sie 1952 für Opfersteine, an denen Kult- und Opferhandlungen vorgenommen wurden., bevor man Verstorbene bestattete. Nach einer anderen Interpretation des Koblenzer Archäologen Josef Röder (gestorben 1975) sollen die Menhire Opfersteine gewesen sein, in denen angeblich die Seelen der Toten wohnten, die an bestimmten Tagen am Zeremoniell von Opferhandlungen teilnehmen durften. Zugleich sollen sie Ahnenbild und Ahnenkult verkörpert haben. Nach einer weiteren Theorie des damals in Heidelberg wirkenden Prähistorikers Horst Kirchner (1913–1990) galten Menhire als Ersatzleiber von Verstorbenen, wobei der Tote nicht unbedingt an diesem Ort begraben sein musste. Der Berliner Prähistoriker Carl Schuchhardt (1859–1943) deutete die Menhire als Seelenthrone für die Seele des Verstorbenen, die bei schönem Wetter als Vögel aus dem Innern der Gräber gekommen seien, um sich auf den Steinen zu sonnen und an dem ihnen huldigenden Spiel und Gesang der Hinterbliebenen zu erfreuen. Man erklärte

*Prähistoriker Paul Grimm (1907–1993) aus Halle/Saale.
Foto: Professor Dr. Paul Grrimm*

*Berliner Prähistoriker Carl Schuchhardt (1859–1943).
Foto von 1885 (via Wikimedia Commons),
Lizenz: gemeinfrei (Public domain)*

Der in den 1930er Jahren entdeckte schnurkeramische Menhir von Pfützthal, ein Ortsteil der Gemeinde Salzatal im Saalekreis in Sachsen-Anhalt.
Er diente mit der verzierten Seite nach unten als Deckplatte für ein bronzezeitliches Steinkistengrab.
Höhe 70 Zentimeter, Breite 30 Zentimeter, Dicke 10 Zentimeter.
Original im Museum für Vorgeschichte in Halle/Saale.
Foto: Einsamer Schütze / CC BY-SA 4.0
(via Wikimedia Commons),
lizensiert unter Creative-Commons-Lizenz by-sa-4.0,
https://creativecommons.org/licenses/by-sa/4.0/legalcode

die Menhire auch als steinerne Zeichen auf Gräbern, die an die Verstorbenen erinnern sollten. Der Archäologe Friedrich Sprater (1884–1952) aus Speyer brachte die Menhire mit einem Himmelskult in Verbindung, bei dem sie eine Art von Weltsäule darstellten. Die Menhire wurden von dem Archäologen Emil Linckenheld (1880–1967) aus Straßburg sogar als simple Grenzsteine der Ur- und Frühgeschichte bezeichnet. Dies dürfte aber nur für Grenzsteine aus der römischen Zeit zutreffen, die mit dem Jupiter-Terminus-Kult verknüpft waren und irrtümlich für Menhire gehalten wurden.
Auf einigen Grabhügeln, deren Zugehörigkeit zu den Schnurkeramischen Kulturen umstritten sind, wurden menhirartige Stelen entdeckt. Dazu gehören Funde in Trebendorf (Burgenlandkreis), Poserna (Burgenlandkreis), Leuna (Saalekreis) und Halle-Heide, alle in Sachsen-Anhalt gelegen. In Halle-Heide stieß man im Boden vor einem großen verzierten Steinkammergrab auf zwei große Grabstelen, von denen eine 1,87 Meter und die andere 1,73 Meter hoch ist.
In Süddeutschland ist das Gräberfeld im Stadtteil Dittigheim[13] von Tauberbischofsheim (Main-Tauber-Kreis) in Baden-Württemberg mit 33 Gräbern und insgesamt 63 Bestattungen der umfangreichste schnurkeramische Friedhof. Dort kamen auffällig viele Gemeinschaftsbestattungen vor. In drei Gräbern hatte man zwei Menschen beerdigt. in acht Gräbern fand man Dreierbestattungen und in zwei Gräbern sogar mehr als drei Tote. Einzelbestattungen waren ausschließlich Männern oder Kindern vorbehalten. Dagegen wurden Frauen in immer wieder benutzten Gräbern oder bei gleichzeitig erfolgten Gemeinschaftsbestattungen zur letzten Ruhe gebettet.
Ein etwas kleineres Gräberfeld hat man in Bergrheinfeld[14] (Kreis Schweinfurt) in Bayern entdeckt. Es ist mit mehr als 25 Gräbern der größte schnurkeramische Friedhof in diesem Bundesland.

Zur Standardausrüstung der bestatteten Schnurkeramiker gehörten ein Becher und eine Amphore, daneben fand man noch andere Tongefäße. Den Männern legte man Waffen aus Stein, aus Knochen und mitunter aus dem wertvollen Metall Kupfer ins Grab. Die Frauen stattete man reichlich mit Schmuck aus. Diese Grabbeigaben zeugen nicht nur von großer Wertschätzung der Verstorbenen, sondern auch vom Glauben an das Weiterleben im Jenseits. Gelegentlich mussten den Toten sogar Hunde als Begleiter ins Grab folgen, wie Funde aus Thüringen zeigen. Beispielsweise befanden sich in einem Steinkammergrab im Zeitzer Forst bei Nickelsdorf (Kreis Eisenberg) Reste von zwei Hunden neben einem menschlichen Skelett und in Uthleben (Kreis Nordhausen) Hundeknochen, neben den Beinen eines Toten.

Die im Traisental in Niederösterreich unverbrannt zur letzten Ruhe gebetteten schnurkeramischen Männer lagen auf der rechten Körperseite mit dem Kopf nach Westen. Ihre Beine waren leicht zum Körper hin angezogen. Die Frauen ruhten auf der linken Körperseite mit dem Kopf nach Osten. Auch bei ihnen hatte man die Beine zum Körper hin angezogen. Typische Beigaben in Männergräbern des Traisentales sind Feuersteindolche, Pfeilspitzen, Knochenglätter, Pfrieme, Lochbeile und Flachbeile. In einem Mädchen- und in einem Kindergrab von Inzersdorf in Niederösterreich barg man kupferne Blechröllchen, Spiralringe mit ausgehämmerten Enden, rundstabige Armspiralen und einen Halsreif.

Was und wie die Schnurkeramiker ihren Gottheiten opferten, weiß man nicht. Vielleicht schreckten sie sogar vor Menschenopfern nicht zurück. Als Hinweise in dieser Richtung gelten die erwähnten Dreifachbestattungen von Dittigheim. Bei den offenbar gleichzeitig beerdigten Menschen handelt es sich fast immer um eine erwachsene Frau, die zusammen mit einem Kleinkind und einem größeren Kind oder Jugendlichen bestattet wurde.

64

Der schwedische Prähistoriker Nils Aberg (1888–1957)
prägte 1915 den Begriff Streitaxt-Kulturen.
Foto: Kunglia Biblioteket Stockholm

Anmerkungen

1] Der Begriff Becher-Kulturen wurde 1929 durch den Duisburger Museumsdirektor Rudolf Stampfuß (1904–1978) geprägt.
2] Der Name Streitaxt-Kulturen geht auf den damals in Uppsala wirkenden schwedischen Prähistoriker Nils Aberg (1888–1957) zurück, der 1915 in seinem Buch „De nordiska stridsyxornas typologi" auf Seite 51 den Ausdruck „stridsyxkulturen" verwendete.
3] In Dänemark, Norddeutschland, im nördlichen Ostdeutschland und in Holland spricht man statt von den Schnurkeramischen Kulturen von der Einzelgrab-Kultur. In Holland werden die Schnurkeramischen Kulturen wegen der dortigen Becherform als Standfußbecher-Kultur bezeichnet. Der Begriff Standfußbecher-Kultur wurde 1955 durch den damals in Groningen wirkenden holländischen Prähistoriker Willem Glasbergen (1923–1976) eingeführt. Er schrieb zusammen mit dem Prähistoriker Johannes Diderik van der Waals aus Groningen einen Aufsatz, in dem er die Standfußbecher und van der Waals die Glockenbecher behandelte. In Südskandinavien, Südfinnland, Estland und Lettland spricht man von der Bootaxt-Kultur. Der Begriff Bootaxt-Kultur geht auf Nils Aberg (s. Anm. 2) zurück, der 1915 in seinem Buch „De nordiska stridsyxornas typologi" auf Seite 54 den Namen „Boot-axe-Period" verwendete. 1962 schlug der schwedische Prähistoriker Mats P. Malmer (1921–2007) aus Stockholm statt dessen den Namen Schwedisch-norwegische Streitaxt-Kulturen (svensk-norska stridsyxkulturen) vor. Weitere Teile der Schnurkeramischen Kulturen sind die Mitteldnepr-Kultur, die Fatjanovo-Kultur und die Balanovo-Kultur, die in Teilen von

Russland vorkamen. Der Name Mitteldnepr-Kultur wurde durch den russischen Prähistoriker Vasilij Alekseevic Gorodvoc (1860–1945) aus Moskau eingeführt. Der Ausdruck Fatjanovo-Kultur (auch Fat'janovo-Kultur) wurde 1881 durch den russischen Prähistoriker Aleksej Sergeevic Graf Uvarov (1825–1884) geprägt. Der Begriff Balanovo-Kultur wurde 1963 durch den russischen Prähistoriker Otto Nikolaevic Bader (1903–1979) aus Moskau eingeführt.

4] Der Begriff Glockenbecher-Kultur (abgekürzt: GBK) bezieht sich auf den weitmundigen Becher in Gestalt einer umgestülpten Glocke, der als typisches Tongefäß dieser Kultur gilt. Dieser Becher wurde 1895 durch den Prähistoriker Albert Voß (1837–1905) in Anlehnung an einen tschechischen Fundort als Brannowitzer Typus bezeichnet. Als erste benutzten italienische und tschechische Prähistoriker den Ausdruck „Glockenbecher". 1900 verwendete der damals in Mainz arbeitende Prähistoriker Paul Reinecke (1872–1958) diesen Begriff. Auch die Glockenbecher-Kultur wird zu den Becher-Kulturen gerechnet. Als Leitformen der Glockenbecher-Kultur gelten tönerne Glockenbecher, steinerne Armschutzplatte für Bogenschützen, kupferner Griffzungendolch, V-fömig durchbohrter Knochenknopf, verzierter Eberhauer und bestimmte Begleitkeramik.

5] Der Begriff Subboreal wurde vermutlich 1876 von dem norwegischen Botaniker Axel Blytt (1843–1918) geprägt.

6] Die Bestattung von Landersdorf bei Thalmässing wurde 1986 durch den Archäologen Ulrich Pfauth aus Roth ausgegraben.

7] Der Begriff indogermanisch (Indo Germanic) wurde bereits 1810 von dem in Paris lebenden dänisch-französischen Geographen Conrad Malte-Brun (1775–1826) verwendet. Er basiert darauf, dass zwischen den Britischen Inseln im Westen bis nach Indien im Osten sowie von Italien im Süden bis nach Skandinavien im Norden zahlreiche Sprachen ähnliche Wörter enthalten. So heißt beispielsweise Vater lateinisch pater, gotisch fatar und altindisch pitar. Solche Gemeinsamkeiten versuchte man, durch eine ursprüngliche Grundsprache und deren spätere Verbreitung zu erklären. Man stellte auch die in indogermanischen Sprachen gemeinsam vorkommenden Wörter zu einer Grundsprache zusammen. Dazu gehörten Begriffe wie Dorf, Karren, Joch, Rad, Gold, Erz (Kupfer), Dolch und Axt, die für die zeitliche Datierung der Grundsprache eine wichtige Rolle spielten. Demnach hätte die Ausbreitung der Grundsprache frühestens in einem jüngeren Abschnitt der Jungsteinzeit erfolgt sein können, in dem es all diese erwähnten Dinge gab.

Die Schnurkeramiker wurden hauptsächlich deshalb als Indogermanen in Erwägung gezogen, weil ihr Gebiet sehr großräumig war und sich weit nach Osten ausdehnte. Außerdem schienen sie genau jene Errungenschaften zu besitzen, welche die sprachwissenschaftlich erschlossenen Indogermanen auszeichneten. In Wirklichkeit waren die Schnurkeramischen Kulturen keine einheitliche Erscheinung, weshalb von einem Volk mit gleicher Sprache keine Rede sein kann.

8] Die Pflugspuren von Castaneda wurden 1979 bei Grabungen entdeckt.

9] Hans Hahne (1875–1935) war von 1912 bis 1935 Direktor des Provinzial-Museums für Vorgeschichte in Halle/Saale, das 1921 in Landesanstalt für Vorgeschichte und 1934 in Landesanstalt für Volkheitskunde umbenannt wurde.

10] Auf das verzierte Steinkammergrab von der Bischofswiese in der Dölauer Heide wurde 1952 ein Lehrer aus Halle-Dölau aufmerksam, der in einem der dortigen Grabhügel eine Grabung vorgenommen hat.

11] Ab Oktober 1866 erforschte der Student Heinrich Angst (1847–1922), der später Direktor des Landesmuseums in Zürich wurde, die Gräber von Schöfflisdorf. 1909 deckten der Kunstmaler Joseph von Sury (1881–1951) aus Kreuzlingen und der Kaufmann Benno Schultheiß (1881–1951) aus Niederweningen zwei Grabhügel in Schöfflisdorf auf und schnitten einen dritten an. Vom 15. bis 22. Juni 1908 und vom 12. April bis Ende April 1909 untersuchte der Zürcher Heimatforscher Jakob Heierli (1853–1912) das Gräberfeld von Schöfflisdorf.
12] Das Gräberfeld von Schafstädt wurde 1950 bis 1955 und 1962 durch den Prähistoriker Waldemar Matthias aus Halle/Saale ausgegraben.
13] Das Gräberfeld von Dittigheim wurde 1983 ausgegraben.
14] Das Gräberfeld von Bergrheinfeld wurde 1982 bei Bauarbeiten des Netzbetreibers Tennet für ein neues Umspannwerk entdeckt.

Literatur

ABERG, Nils: De nordiska stridsyxornas typologi, Stockholm 1915.
BAUCH, Wolfgang: Eine Nachbestattung der Einzelgrabkultur mit Pferdeschädel in einem Megalithgrab von Borgstedt, Kreis Rendsburg-Eckernförde. In: Offa, S. 43–73, Neumünster 1988.
BEHRENS, Hermann / FASSHAUER, Paul / KIRCHNER, Horst: Ein neues innenverziertes Steinkammergrab der Schnurkeramik aus der Dölauer Heide bei Halle/Saale. In: Jahresschrift für mitteldeutsche Vorgeschichte, S. 13–50, Halle/Saale 1956.
CURRY, Andrew: Wer waren die ersten Europäer? Gentests an uralten Knochen belegen, dass Europa ein Schmelztiegel verschiedener Kulturen aus Afrika, dem Nahen Osten und Russland ist. In: National Geographic, 30. Juli 2019. https://www.nationalgeographic.de/wissenschaft/2019/07/wer-waren-die-ersten-europaeer
EIDEL, Silvia: Bergrheinfeld. 4500 Jahre altes Gräberfeld. In: Main-Post, 30. Januar 2015, Würzburg.
FEUSTEL, Rudolf / BACH, Herbert / GALL, Werner / TEICHERT, Manfred: Beiträge zur Kultur und Anthropologie der mitteldeutschen Schnurkeramiker. In: Alt-Thüringen, S. 21–170, Weimar 1966.
FILIP, Jan: Schnurkeramische Kulturen. In: Enzyklopädisches Handbuch zur Ur- und Frühgeschichte Europas, Band II (L–Z), S. 1239–1245, Stuttgart, Berlin, Köln, Mainz 1969.
FUCHS, Thomas: Jakob Heierli. In: Historisches Lexikon der Schweiz. https://hls-dhs-dss.ch/de/articles/009584/2007-12-04/

GÖTZE, Alfred: Die Gefäßformen und Ornamente der neolithischen schnurverzierten Keramik im Flußgebiet der Saale, Jena 1891.
GRIMM, Hans: Neue schnurkeramische Skelettreste von Schafstädt, Kreis Merseburg. In: Jahresschrift für mitteldeutsche Vorgeschichte, S. 107–115, Halle/Saale 1964.
HAAK, Wolfgang / LAZARIDIS, Iosif / PATTERSON, Nick / ROHLAND, Nadin: Massive migration from the steppe was a source for Indo European languages in Europe. In: Nature, S. 207–211, London, 11. Juni 2015.
HECHT, Dirk: Das schnurkeramische Siedlungswesen im südlichen Mitteleuropa Eine Studie zu einer vernachlässigten Fundgattung im Übergang vom Neolithikum zur Bronzezeit, Heidelberg 2007.
HOPPE, Frank / WEISS, Birgit: Ein Begräbnisplatz der Schnurkeramik bei Bergrheinfeld, Landkreis Schweinfurt, Unterfranken. In: Das archäologische Jahr in Bayern 1982, S. 37–38, Stuttgart 1983.
ILL Martin: Schöfflisdorf. In: Historisches Lexikon der Schweiz.
https://hls-dhs-dss.ch/de/articles/000079/2012-11-21/
JAZDZEWSKI, Konrad: Die Schnurkeramische Kultur. In: Urgeschichte Mitteleuropas, S. 181–191, Wrocloaw, Warszawa, Kraków, Gdansk, Lódz, 1984.
KERN, Daniela: Ostösterreich im Endneolithikum – Am Ende der Welt? In: DOPPLER, Thomas / RAMMINGER; Britta / SCHIMMELPFENNIG, Dirk (Herausgeber): Grenzen und Grenzräume? Beispiele aus Neolithikum und Bronzezeit. Fokus Jungsteinzeit. Berichte der AG Neolithikum 2, S. 25–35, Kerpen-Loogh 2011.
LANDESMUSEUM FÜR VORGESCHICHTE HALLE: Steinkammer von Göhlitzsch.

https://st.museum-digital.de/
index.php?t=objekt&oges=11139
MALLORY, James P.: Yamna Culture. In: MALLORY, James
P. / ADAMS, Douglas Q. (Herausgeber): Encyclopedia of
Indo-European Culture, London 1997.
MATTHIAS, Waldemar: Neue Funde und eine Menhirstatue
aus der Gemarkung Schafstädt, Kreis Merseburg. In:
Jahresschrift für mitteldeutsche Vorgeschichte, S. 83–105,
Halle/Saale 1964.
MESTORF, Johanna: Aus dem Steinalter. Gräber ohne
Steinkammer unter Bodenniveau. In: Mitteilungen des
Anthropoloischen Vereins in Schleswig-Holstien, S. 9–24,
Kiel 1892.
MUHL, Arnold / MELLER, Harald / HECKENHAHN,
Klaus: Tatort Eulau. Ein 4500 Jahre altes Verbrechen wird
aufgeklärt, Stuttgart 2010.
MÜLLER, Detolef W.: Die Göttin mit dem stechenden
Blick. In: MELLER, Harald (Herausgeber): Schönheit,
Macht und Tod. 120 Funde aus 120 Jahren Landesmuseum
für Vorgeschichte Halle, S. 198–199, Halle (Saale) 2001.
NAGY, Patrick: Castaneda. In: Historisches Lexikon der
Schweiz.
https://hls-dhs-dss.ch/de/articles/001551/2005-04-20/
PFAUTH, Ulrich: Funde der Schnurkeramik von
Landersdorf, Gemeinde Thalmässing, Landkreis Roth,
Mittelfranken. In: Das archäologische Jahr in Bayern,
S. 50/51, Stuttgart 1986.
PROBST, Ernst: Die Schnurkeramischen Kulturen.
Kulturen der Jungsteinzeit von etwa 2800 bis 2400 v. Chr.,
München 2015.
REINERTH, Hans / BOSCH, Reinhold: Das
Grabhügelfeld von Sarmensdorf. Ausgrabungen 1927. In:

Anzeiger für Schweizerische Altertumskunde, S. 1–17, Zürich 1929.
RUOFF, Ulrich: Die schnurkeramischen Räder von Zürich. Pressehaus. In: Archäologisches Korrespondenzblatt, S. 275–283, Mainz 1978.
RUOFF, Ulrich: Die Ufersiedlungen am Zürichsee. In: Die ersten Bauern. Pfahlbaufunde Europas. Forschungsberichte zur Ausstellung im Schweizerischen Landesmuseum und zum Erlebnispark / Ausstellung Pfahlbauland in Zürich. 28. April bis 30. September 1990, Band 1: Schweiz, S. 145–159, Zürich 1990.
RUTTKAY, Elisabeth: Jungsteinzeit. In: NEUGEBAUER, Johannes-Wolfgang: Herzogenburg-Kalkofen, ein ur- und frühgeschichtlicher Fundplatz im unteren Traisental, S. 25–27, Wien 1980.
SCHLOSSER, Wolfhard: Das Mondsichelgrab im Zigiholz. In: Lenzburger Neujahrsblätter, Band 76, S. 55–86, Lenzburg 2005.
SCHMIDT, Herbert: Johanna Mestorf. In: Prähistorische Zeitschrift, S. 110/111, Berlin 1909.
SCHWIDETZKY, Ilse: Anthropologie der Schnurkeramik- und Streitaxtkulturen. In: Fundamenta, Reihe A, S. 241–264, Köln 1978.
STAMPFUSS, Rudolf: Die Jungneolithischen Kulturen in Westdeutschland. In: Rheinische Siedlungsgeschichte II, Bonn 1929.
STÖCKLI, Werner E.: Neolithikum Jungsteinzeit. In: Historisches Lexikon der Schweiz. https://hls-dhs-dss.ch/de/articles/008012/2010-09-07/
STORK, Ingo: Ein Friedhof der Schnurkeramik in Dittigheim, Stadt Tauberbischofsheim. In: Archäologische Ausgrabungen in Baden-Württemberg, S. 42–45, Stuttgart 1984.

STRAHM, Christian: Die späten Kulturen. In: Ur- und frühgeschichtliche Archäologie der Schweiz, S. 97–116, Basel 1969.
STRAHM, Christian: Die Gliederung der Schnurkeramischen Kultur in der Schweiz. In: Acta Bernesia, Bern 1971.
VOSTEEN, Markus: III. Das früheste Vorkommen von Karren und Pflügen. In: Unter die Räder gekommen. Untersuchungen zu Sherratts „Secondary Products Revolution", Archäologische Berichte 7, Bonn 1996.

Autor Ernst Probst.
Foto: Klaus Benz, Fotograf, Mainz-Laubenheim

Der Autor

Ernst Probst, geboren am 20. Januar 1946 in Neunburg vorm Wald im bayerischen Regierungsbezirk Oberpfalz, ist Journalist und Wissenschaftsautor. Er arbeitete von 1968 bis 1971 bei den „Nürnberger Nachrichten", von 1971 bis 1973 in der Zentralredaktion des „Ring Nordbayerischer Tageszeitungen" in Bayreuth und von 1973 bis 2001 bei der „Allgemeinen Zeitung", Mainz. In seiner Freizeit schrieb er Artikel für die „Frankfurter Allgemeine Zeitung", „Süddeutsche Zeitung", „Die Welt", „Frankfurter Rundschau", „Neue Zürcher Zeitung", „Tages-Anzeiger", Zürich, „Salzburger Nachrichten", „Die Zeit", „Rheinischer Merkur", „Deutsches Allgemeines Sonntagsblatt", „bild der wissenschaft", „kosmos", „Deutsche Presse-Agentur" (dpa), „Associated Press" (AP) und den „Deutschen Forschungsdienst" (df). Aus seiner Feder stammen die Bücher „Deutschland in der Urzeit" (1986), „Deutschland in der Steinzeit" (1991), „Rekorde der Urzeit" (1992), „Dinosaurier in Deutschland" (1993 zusammen mit Raymund Windolf) und „Deutschland in der Bronzezeit" (1996). Von 2001 bis 2006 betätigte sich Ernst Probst als Buchverleger sowie zeitweise als internationaler Fossilienhändler und Antiquitätenhändler. Insgesamt veröffentlichte er mehr als 300 Bücher, Taschenbücher, Broschüren und über 300 E-Books.

Der Menhir von Seehausen („Götterstein" oder „Langer Stein"),
einem Ortsteil der Stadt Wanzleben-Börde
im Kreis Börde in Sachsen-Anhalt,
wird der Schnurkeramik zugerechnet.
Foto: Radler59 / CC BY-Sa 3.0 (via Wikimedia Commons),
lizensiert unter Creative-Commons-Lizenz by-sa-3.0,
https://creativecommons.org/licenses/by-sa/3.0/legalcode

Bücher von Ernst Probst

(Auswahl)

Als Mainz im Meer lag
Als Mainz noch nicht am Rhein lag
Christl-Marie Schultes. Die erste Fliegerin in Bayern (zusammen mit Theo Lederer)
Der Europäische Jaguar
Der Mosbacher Löwe. Die riesige Raubkatze aus Wiesbaden
Der Rhein-Elefant. Das Schreckenstier von Eppelsheim
Der Schwarze Peter. Ein Räuber im Hunsrück und Odenwald
Der Ur-Rhein. Rheinhessen vor zehn Millionen Jahren
Deutschland im Eiszeitalter
Deutschland in der Frühbronzezeit
Deutschland in der Mittelbronzezeit
Deutschland in der Spätbronzezeit
Die Aunjetitzer Kultur in Deutschland
Die Straubinger Kultur in Deutschland
Die Singener Gruppe
Die Arbon-Kultur in Deutschland
Die Ries-Gruppe und die Neckar-Gruppe
Die Adlerberg-Kultur
Der Sögel-Wohlde-Kreis
Die nordische Bronzezeit in Deutschland
Die Hügelgräber-Kultur in Deutschland
Die ältere Bronzezeit in Nordrhein-Westfalen
Die Bronzezeit in der Lüneburger Heide
Die Stader Gruppe
Die Oldenburg-emsländische Gruppe

Die Urnenfelder-Kultur in Deutschland
Die ältere Niederrheinische Grabhügel-Kultur
Die Unstrut-Gruppe
Die Helmsdorfer Gruppe
Die Saalemündungs-Gruppe
Die Lausitzer Kultur in Deutschland
Die Dolchzahnkatze Megantereon
Die Dolchzahnkatze Smilodon
Die Säbelzahnkatze Homotherium
Die Säbelzahnkatze Machairodus
Die Schweiz in der Frühbronzezeit
Die Rhône-Kultur in der Westschweiz
Die Arbon-Kultur in der Schweiz
Die Schweiz in der Mittelbronzezeit
Die Schweiz in der Spätbronzezeit
Dinosaurier von A bis K. Von Abelisaurus bis zu Kritosaurus
Dinosaurier von L bis Z. Von Labocania bis zu Zupaysaurus
Der rätselhafte Spinosaurus. Leben und Werk des Forschers Ernst Stromer von Reichenbach
Eiszeitliche Geparde in Deutschland
Eiszeitliche Leoparden in Deutschland
Frauen im Weltall
Hildegard von Bingen. Die deutsche Prophetin
Höhlenlöwen. Raubkatzen im Eiszeitalter
Julchen Blasius. Die Räuberbraut des Schinderhannes
Johann Jakob Kaup. Der große Naturforscher aus Darmstadt
Königinnen der Lüfte
Königinnen der Lüfte in Deutschland
Königinnen der Lüfte in Europa
Königinnen der Lüfte in Frankreich

Königinnen der Lüfte in England und Australien
Königinnen der Lüfte in Amerika
Königinnen der Lüfte von A bis Z
Königinnen des Tanzes
Malende Superfrauen
Meine Worte sind wie die Sterne Die Entstehung der Rede des Häuptlings Seattle (zusammen mit Sonja Probst, verheiratete Werner)
Monstern auf der Spur. Wie die Sagen über Drachen, Riesen und Einhörner entstanden
Neues vom Ur-Rhein. Interview mit dem Geologen und Paläontologen Dr. Jens Sommer
Österreich in der Frühbronzezeit
Österreich in der Mittelbronzezeit
Österreich in der Spätbronzezeit
Pompadour und Dubarry. Die Mätressen von Louis XV.
Raub-Dinosaurier von A bis Z. Mit Zeichnungen von Dmitry Bogdanav und Nobu Tamura
Rekorde der Urmenschen. Erfindungen, Kunst und Religion
Rekorde der Urzeit. Landschaften, Pflanzen und Tiere
Säbelzahnkatzen. Von Machairodus bis zu Smilodon
Säbelzahntiger am Ur-Rhein. Machairodus und Paramachairodus
Superfrauen aus dem Wilden Westen
Superfrauen 1 – Geschichte
Superfrauen 2 – Religion
Superfrauen 3 – Politik
Superfrauen 4 – Wirtschaft und Verkehr
Superfrauen 5 – Wissenschaft
Superfrauen 6 – Medizin
Superfrauen 7 – Film und Theater
Superfrauen 8 – Literatur

Superfrauen 9 – Malerei und Fotografie
Superfrauen 10 – Musik und Tanz
Superfrauen 11 – Feminismus und Familie
Superfrauen 12 – Sport
Superfrauen 13 – Mode und Kosmetik
Superfrauen 14 – Medien und Astrologie
Tony und Bruno Werntgen. Zwei Leben für die Luftfahrt (zusammen mit Paul Wirtz)
Was ist ein Menhir? Interview mit dem Mainzer Archäologen Dr. Detert Zylmann
Wer ist der kleinste Dinosaurier? Interviews mit dem Wissenschaftsautor Ernst Probst
Wer war der Stammvater der Insekten? Interview mit dem Stuttgarter Biologen und Paläontologen Dr. Günther Bechly
6000 Jahre Kastel. Von der Steinzeit bis zum 21. Jahrhundert
5000 Jahre Kostheim. Von der Steinzeit bis zum 21. Jahrhundert
Kastel in der Vorzeit. Von der Jungsteinzeit bis Christi Geburt
Kostheim in der Vorzeit. Von der Jungsteinzeit bis Christi Geburt
Wiesbaden in der Steinzeit
Anno 1.000.000. Deutschland in der älteren Altsteinzeit
Das Protoacheuléen. Eine Kulturstufe der Altsteinzeit vor etwa 1,2 Millionen bis 600.000 Jahren
Das Altacheuléen. Eine Kulturstufe der Altsteinzeit vor etwa 600.000 bis 350.000 Jahren
Das Jungacheuléen. Eine Kulturstufe der Altsteinzeit vor etwa 350.000 bis 150.000 Jahren
Das Spätacheuléen. Eine Kulturstufe der Altsteinzeit vor etwa 150.000 bis 100.000 Jahren
Die Lanze von Lehringen. Der Jahrhundertfund aus der

Altsteinzeit
Das Moustérien. Die große Zeit der Neanderthaler
Das Aurignacien. Eine Kulturstufe der Altsteinzeit vor etwa 40.000 bis 31.000 Jahren
Das Gravettien. Eine Kulturstufe der Altsteinzeit vor etwa 35.000 bis 24.000 Jahren
Das Magdalénien. Eine Kultustufe der Altsteinzeit vor etwa 18.000 bis 12.000 Jahren
Die Hamburger Kultur. Eine Kulturstufe der Altsteinzeit vor etwa 15.700 bis 14.200 Jahren
Die Federmesser-Gruppe. Eine Kulturstufe der Altsteinzeit vor etwa 14.000 bis 12.800 Jahren
Das Steinzeit-Grab von Bonn-Oberkassel. En rätselhafter Fund aus der Zeit der Federmesser-Gruppen
Die Ahrensburger Kultur. Eine Kulturstufe der Altsteinzeit vor etwa 12.700 bis 11.650 Jahren
Die Altsteinzeit in Österreich. Jäger und Sammler vor 250.000 bis 10.000 Jahren
Das Jungacheuléen in Österreich
Das Moustérien in Österreich
Das Aurignacien in Österreich
Das Gravettien in Österreich
Das Magdalénien in Österreich
Das Magdalénien in der Schweiz
Die Mittelsteinzeit
Deutschland in der Mittelsteinzeit
Die Mittelsteinzeit in Baden-Württemberg
Die Mittelsteinzeit in Bayern
Die Mittelsteinzeit in Rheinland-Pfalz
Die Mittelsteinzeit in Hessen
Die Mittelsteinzeit in Nordrhein-Westfalen

Die Mittelsteinzeit in Niedersachsen
Die Mittelsteinzeit in Thüringen, Sachsen-Anhalt, Sachsen und im südlichen Brandenburg
Die Mittelsteinzeit in Schleswig-Holstein, Mecklenburg und im nördlichen Brandenburg
Die Jungsteinzeit. Eine Periode der Steinzeit vor etwa 5.500 bis 2.300 v. Chr.
Die ersten Bauern in Deutschland. Die Linienbandkeramische Kultur (5.500 bis 4.900 v. Chr.)
Die Ertebölle-Ellerbek-Kultur. Eine Kultur der Jungsteinzeit vor etwa 5.000 bis 4.300 v. Chr.
Die Stichbandkeramik. Eine Kultur der Jungsteinzeit vor etwa 4.900 bis 4.500 v. Chr.
Die Oberlauterbacher Gruppe. Eine Kulturstufe der Jungsteinzeit vor etwa 4.900 bis 4.500 v. Chr.
Die Hinkelstein-Gruppe. Eine Kulturstufe der Jungsteinzeit vor etwa 4.900 bis 4.800 v. Chr.
Die Rössener Kultur. Eine Kultur der Jungsteinzeit vor etwa 4.600 bis 4.300 v. Chr.
Die Kupferzeit. Wie die ersten Metalle in Mitteleuropa bekannt wurden
Die Michelsberger Kultur. Eine Kultur der Jungsteinzeit vor etwa 4.300 bis 3.500 v. Chr.
Das Rätsel der Großsteingräber. Die nordwestdeutsche Trichterbecher-Kultur vor etwa 4.300 bis 3.000 v. Chr.
Die Baalberger Kultur. Eine Kultur der Jungsteinzeit vor etwa 4.300 bis 3.700 v. Chr.
Pfahlbauten in Süddeutschland. Dörfer der Jungsteinzeit und Bronzezeit an Seen, Mooren und Flüssen
Die Altheimer Kultur / Die Pollinger Gruppe. Zwei Kulturen der Jungsteinzeit vor etwa 3.900 bis 3.500 v. Chr.
Die Salzmünder Kultur. Eine Kultur der Jungsteinzeit vor

etwa 3.700 bis 3.200 v. Chr.
Die Chamer Gruppe. Eine Kulturstufe der Jungsteinzeit vor etwa 3.500 bis 2.800 v. Chr.
Die Wartberg-Kultur. Eine Kultur der Jungsteinzeit vor etwa 3.500 bis 2.800 v. Chr.
Die Walternienburg-Bernburger Kultur. Eine Kultur der Jungsteinzeit vor etwa 3.200 bis 2.800 v. Chr.
Die Kugelamphoren-Kultur. Eine Kultur der Jungsteinzeit vor etwa 3.100 bis 2.700 v. Chr.
Die Schnurkeramischen Kulturen. Kulturen der Jungsteinzeit von etwa 2.800 bis 2.400 v. Chr.
Die Einzelgrab-Kultur. Eine Kultur der Jungsteinzeit vor etwa 2.800 bis 2.300 v. Chr.
Die Schönfelder Kultur. Eine Kultur der Jungsteinzeit vor etwa 2.800 bis 2.200 v. Chr.
Die Glockenbecher-Kultur. Eine Kultur der Jungsteinzeit vor etwa 2.500 bis 2.200 v. Chr.
Die ersten Bauern in Österreich. Die Linienbandkeramische Kultur vor etwa 5.500 bis 4.900 v. Chr.
Die Lengyel-Kultur in Österreich. Eine Kultur der Jungsteinzeit vor etwa 4.900 bis 4.400 v. Chr.
Die Mondsee-Gruppe. Eine Kulturstufe der Jungsteinzeit vor etwa 3.700 bis 2.900 v. Chr.
Die Badener Kultur in Österreich. Eine Kultur der Jungsteinzeit vor etwa 3.600 bis 2.900 v. Chr.
Die ersten Pfahlbauten in der Schweiz. Die Anfänge der Pfahlbauforschung und die Egolzwiler Kultur
Die Cortaillod-Kultur. Eine Kultur der Jungsteinzeit vor etwa 4.000 bis 3.500 v. Chr.
Die Pfyner Kultur in der Schweiz. Eine Kultur der Jungsteinzeit vor etwa 4.000 bis 3.500 v. Chr.
Die Horgener Kultur in der Schweiz. Eine Kultur der

Jungsteinzeit vor etwa 3.500 bis 2.800 v. Chr.
Die Schnurkeramiker in der Schweiz. Eine Kultur der Jungsteinzeit vor etwa 2.800 bis 2.400 v. Chr.

www.ingramcontent.com/pod-product-compliance
Lightning Source LLC
Chambersburg PA
CBHW050250220526
45465CB00002B/624